航空港规划丛书

浦东国际机场规划故事

刘武君 / 著

上海科学技术出版社

图书在版编目(CIP)数据

浦东国际机场规划故事 / 刘武君著. —上海：上
海科学技术出版社,2019.6
（航空港规划丛书）
ISBN 978 - 7 - 5478 - 4472 - 4

Ⅰ.①浦… Ⅱ.①刘… Ⅲ.①机场—规划—研究—浦
东新区 Ⅳ.①TU248.6

中国版本图书馆 CIP 数据核字(2019)第 100887 号

浦东国际机场规划故事

刘武君 著

上海世纪出版(集团)有限公司
上 海 科 学 技 术 出 版 社 出版、发行
（上海钦州南路 71 号 邮政编码 200235 www.sstp.cn）
苏州望电印刷有限公司印刷
开本 787×1092 1/16 印张 16.5 插页 2
字数 270 千字
2019 年 6 月第 1 版 2019 年 6 月第 1 次印刷
ISBN 978 - 7 - 5478 - 4472 - 4/U · 89
定价：98.00 元

内容提要

　　今年是浦东国际机场通航 20 周年，又赶上浦东国际机场卫星厅工程竣工投运。浦东国际机场建成通航以来，一步一个台阶，用 20 多年的时间走完了西方发达国家近 100 年的发展道路。20 多年中，第一代浦东国际机场人把昔日的芦苇滩变成了今天世界排名前十的浦东国际机场。这期间发生了许许多多与机场规划设计有关的故事，记录下这些故事，有利于大家更好地理解现在的浦东国际机场。

　　本书以 66 个故事的形式，分 10 个章节，向大家展示浦东国际机场过去 20 多年发生的一些事情，包括：第 1 章，机场总体规划的变迁；第 2 章，机场选址与环境治理；第 3 章，战略规划与运输组织；第 4 章，融资模式与运营管理；第 5 章，土地利用与功能布局；第 6 章，生产运营设施的规划；第 7 章，综合交通系统的规划；第 8 章，航空城规划；第 9 章，机场的可持续发展；第 10 章，结语。

　　本书的主要读者是从事机场规划、设计、建设和管理的技术人员和管理人员，以及对浦东国际机场感兴趣的读者。

前言

　　浦东国际机场是我国第一批对外开放规划设计和使用外国政府贷款的重大基础设施项目。1993年初，由上海市科学技术委员会（以下简称"科委"）出面请日本国际协力事业团（Japan International Cooperation Agency，JICA），帮助上海市开展"上海浦东国际机场总体规划调查"。1994年初，该项目获得两国政府批准。随后，上海市政府成立了"浦东国际机场筹建处"，日本国际协力事业团派出了10名专家组成的专家团，来沪与上海市浦东国际机场筹建处一起开展浦东国际机场的选址、规划和一期工程可行性研究工作（本人是日本专家团的成员之一，负责总体规划和环境保护，兼做翻译）。

　　1995年6月，浦东国际机场工程建设指挥部成立；1996年3月，浦东国际机场工程建设指挥部与日本国际协力事业团签订"浦东国际机场实施设计调查协议"（承担总体设计和飞行区设计）；宣布法国巴黎机场公司和索德尚金融公司的浦东国际机场1号航站楼设计方案中标（承担航站区设计）。

　　1997年10月15日，上海浦东国际机场全面开工。时任中共中央总书记江泽民和吴邦国、李铁映、黄菊、曾庆红四名中央政治局委员出席了当天的开工仪式。仪式期间天气晴朗、阳光灿烂。仪式结束后，总书记一行离场，天气突变，参加开工仪式的人们还没来得及撤离，忽然迎来大雨。此事在民间释为"泽润机场"，广为流传，成为大众话题。

　　20多年来，我们把昔日的芦苇滩（图1）变成了今天世界排名前十的浦东国际机场。

1999 年 9 月,浦东国际机场一期工程建成通航(图 2);

2005 年 3 月,浦东国际机场第二跑道工程建成投运(图 3);

2008 年 3 月,浦东国际机场二期工程竣工投运(图 4);

2013 年 9 月,中国(上海)自由贸易试验区上海浦东机场综合保税区运营;

2015 年 3 月,浦东国际机场第四跑道工程建成投运(图 5);

2017 年 7 月,浦东国际机场第五跑道工程竣工验收(图 6);

2019 年 5 月,浦东国际机场(卫星厅)三期工程竣工验收(图 7)。

　　浦东国际机场建成通航以来,一步一个台阶,用 20 多年的时间走完了西方发达国家机场近 100 年的发展道路。回顾这跌宕起伏的岁月,我们看到那是一个激情燃烧的年代。这期间发生了许许多多与机场规划设计有关的故事,记录下这些故事,有利于大家更好地理解现在的浦东国际机场。

　　浦东国际机场算不上世界上规划得好的机场,也不是国内规划得最好的机场,它甚至也不是我个人参与规划的机场中最好的机场(图 8);即使与 2010 年竣工投运的虹桥国际机场扩建工程相比,我也是更喜欢虹桥国际机场。但是,浦东国际机场却是我们上海机场近 30 年发展的史书,它甚至浓缩了中国民航机场改革开放 30 年的历史。它走过了太多的沟沟坎坎、曲曲折折,它承载了我们太多的情感,成就了我们众多的故事,它总是让我们念念不忘。

　　本书以 66 个故事的形式,分 10 个章节,向大家展示浦东国际机场过去近 30 年中发生的一些事情。希望这些故事能够唤起浦东国际机场建设者们的回忆,希望这些故事对读者有点启发、成为谈资,希望这些故事中反映的浦东国际机场的经验教训能够对大家有用。

　　本书不是一本系统介绍浦东国际机场规划建设的书,它只是一本供大家闲时消遣所用的故事集。各章节之间没有逻辑关系,大家可以各取所需,既可以依序阅读每一个故事,也可以先读后面的故事,当然也可以只读自己关心的故事。

　　值此浦东国际机场通航 20 周年之际,衷心地祝愿浦东国际机场更加欣欣向荣、不断走向辉煌!

刘武君

2019 年 5 月 28 日于上海世博花园

图 1 浦东国际机场原始地貌(1996 年)

图 2 浦东国际机场一期工程(1999 年)

图 3　浦东国际机场二跑道工程(2005 年)

图 4　浦东国际机场二期工程(2008 年)

图 5　浦东国际机场四跑道工程(2015 年)

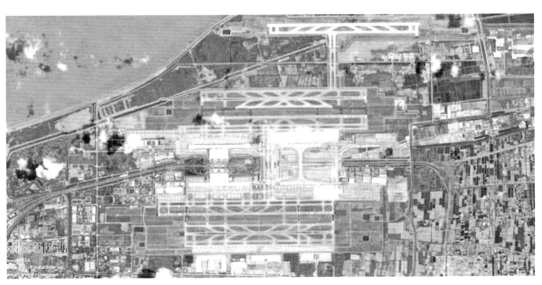

图 6　浦东国际机场五跑道工程(2017 年)

图 7　浦东国际机场三期工程(2019 年)

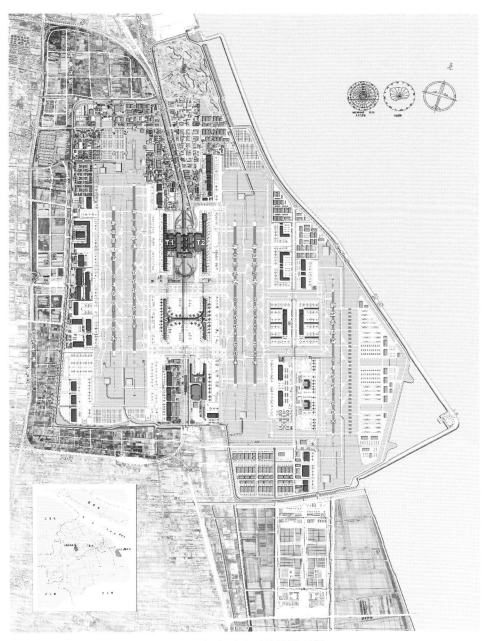

图 8　浦东国际机场总体规划(远期)

目录

第 1 章

根据机场发展的要求,浦东国际机场总体规划每五年左右就要修编或调整一次。与此同时,为配合旅客航站楼的建设,每次扩建都要开展一次航站楼或卫星厅的国际方案征集。

机场总体规划的变迁

　　根据机场发展的要求,浦东国际机场总体规划每五年左右就要修编或调整一次。与此同时,为配合旅客航站楼的建设,每次扩建都要开展一次航站楼或卫星厅的国际方案征集。经过 10 多年的努力,我们逐步做到了先做机场规划,后做航站楼方案征集,并在可行性研究阶段就已经确定了比较详细的设计方案。这使得我们在机场建设过程中,既遵守了国家和地方上的有关法规和基建程序,又保证了机场工程的质量、进度和投资管控。

　　在浦东国际机场选址、立项初期,上海市政府成立了"浦东国际机场建设筹备处"。该筹备处曾邀请了美国、英国、德国、法国和日本等国际咨询团队提出过不同深度的"浦东国际机场规划设计方案",但都无疾而终。自 1993 年上海市政府邀请日本国际协力事业团(JICA)参与,并成立"浦东国际机场筹建处"之后,浦东国际机场的前期工作才开始步入正轨。随后就有了《浦东国际机场总体规划调查报告》《浦东国际机场总体规划(1997 版)》《浦东国际机场第二跑道建设可行性研究报告》《浦东国际机场总体规划(2004 调整)》《浦东国际机场总体规划(2010 调整)》《浦东国际机场总体规划(2015 调整)》《浦东国际机场总体规划(2017 草案)》。同时,平行完成的还有 1996 年的《浦东国际机场 1 号航站楼国际方案征集》、2004 年的《浦东国际机场 2 号航站楼国际方案征集》和 2014 年的《浦东国际机场卫星厅国际方案征集》。回首过去 30 年,我们看到浦东国际机场的每一轮总体规划修编、调整和航站楼方案征集,都使浦东国际机场的发展踏上了一个新的台阶。

　　我们用 20 多年的时间,完成了浦东国际机场主要生产运营设施的建设运营工作,走完了西方世界 100 年走过的路程。截至 2018 年,浦东国际机场的旅客量已经达到 7 400 万人次,全球排名第 9;货运量达到 377 万 t,全球排名第 3;飞机起降架次达到 50 万架次。

1. 浦东国际机场总体规划调查

　　1993 年,应中国政府和上海市人民政府之邀,日本政府在日本国内公开招聘专家,并组建了"浦东国际机场总体规划调查团"。我作为调查团的一员,负责总体规划、环境评价和与中方人员的沟通等工作。自 1993 年 5 月开始,我就参与到了浦东国际机场前期工作中。当时我们收集到的关于浦东国际机场的资料,只有这张从 1991 年浦东新区规划图上截出的、由上海市城市规划设计研究院编制的浦东国际机场规划图,没有任何说明和其他相关资料(图1-1)。这就是我所见到的最早的浦东国际机场规划图。

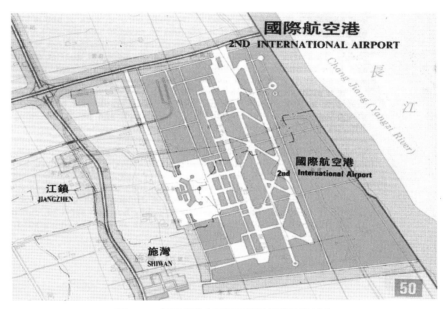

图 1-1　最早的浦东国际机场规划图(1991 年)

　　经过 1994—1995 年与上海市人民政府"浦东国际机场筹建处"的紧密合作,我们完成了《浦东国际机场总体规划调查报告》,为浦东国际机场提供第一部完整的浦东国际机场总体规划(图 1-2)打下了坚实的基础。

　　《浦东国际机场总体规划调查报告》分 5 篇 25 章,约 500 页。当时,这样完整地、系统地编制一个机场的总体规划和工程可行性研究,在国内还是第一次。我在其中协助负责总体规划、环境评估两部分工作。该报告所建立的规划方法和技术体系,实际上影响了我国民用机场建设的前期工作方法和体系的建立,当然也在很大程度上影响了浦东国际机场后来的规划和发展。

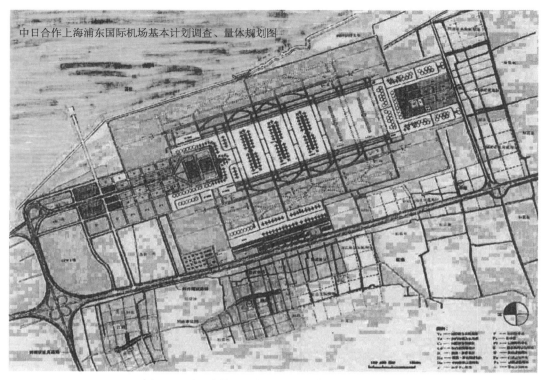

图1-2 中日合作的浦东国际机场总体规划图(1995年)

《浦东国际机场总体规划调查报告》构成

序　章　调查概要与结论

第一篇　现状分析

第一章　相关开发规划

第二章　航空运输实绩

第三章　自然条件调查

第四章　虹桥机场现状

第五章　新机场场址评价

第二篇　总体规划

第一章　规划的基础条件

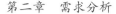

第二章　需求分析

第三章　功能分担

第四章　远期建设方针

第五章　空域利用和航运规划

第六章　建设方案的检讨

第七章　预概念设计

第八章　机场周围开发规划

第九章　项目实施规划

第三篇　环境影响

第一章　环境影响评价方法

第二章　环境预调查(IEE)

第三章　环境影响评价

第四章　综合环境评价

第四篇　一期工程计划

第一章　计划条件的设定

第二章　设施计划

第三章　概略设计

第四章　机场维护、管理和运营计划

第五章　施工计划

第六章　建设费用的概算

第七章　经济和财务分析

第五篇　综合评价和建议

附件：项目实施计划

附属资料

在《浦东国际机场总体规划调查报告》中提出的以下规划原则和具体方案,对浦东国际机场甚至中国枢纽机场后来的发展产生了巨大的影响:

(1) 完整的机场规划体系和明确的功能分区(飞行区、航站区、货运区、机务区、工作区等);

(2) 把"以运营为导向"作为规划设计的指导原则;

(3) "一市两场"的航线分配原则和备选方案(即在"国际航线集中在新机场","枢纽运作在浦东,虹桥以点对点为主"和"空域条件"三大前提条件下开展合理分配的方法);

(4) 每年8 000万~1亿人次的旅客处理能力和500万t的货运处理能力;

(5) 两个独立进近,两组四条平行跑道,以及每组跑道的尺寸基本相同,每组跑道的端头对齐;

(6) 客货分离、快慢分离的陆侧交通规划理念;

(7) 以商务休憩、货运物流、机务维修为产业基础的航空城规划理念和明确的航空城功能分区;

(8) 在机场规划阶段开展环境评价,以及规划环评的内容和方法等。

2. 1号航站楼国际方案征集

在上述"浦东国际机场总体规划调查"执行过程中,在多方广泛论证的基础上,上海市人民政府做出了开展浦东国际机场规划建设工作的决策。并于1995年5月组建了"浦东国际机场工程建设指挥部(以下简称"指挥部")",正式启动了浦东国际机场的规划建设工作。1995年底,指挥部发出了"浦东国际机场航站区与1号航站楼国际方案征集"文件,共征得来自欧美的六个方案,如图1-3、图1-4所示。1996年3月指挥部组织国内外专家进行了评审。专家们按照征集文件的要求选出了68号和29号两个方案作为推荐方案。特别是荷兰机场咨询公司(Netherlands Airport Consultants B. V.,NACO)与福斯特建筑事务所合作的68号方案,提供了一个很好的航站区发展模式:初期先建一个前列式航站楼;中期再建一个前列式航站楼,形成规模效应;远期结合发展需求逐步扩建航站楼主楼和卫星厅,使主楼连为一体变身为集中式航站楼,同时卫星厅的建设亦可适应远期发展起来的中转需求。非常巧妙! 由于该方案很好地回答了(当时)大家普遍关注的"是采用集中式航站楼好,还是采用单元式航站楼好"的问题,得到了广泛的好评,高票当选第一名。

但是,由于一些非技术原因,最后我们采用了巴黎机场公司提供的73号方案(图1-5)。其实,73号方案也是一个不错的方案,它简洁明了、标志性强,给人奋发向上的鼓动。在规划布局上,73号方案与68号方案有共同之处,都为未来提供了富有弹性的发展空间和实施计划。今天我们回头来看浦东国际机场的发展,很明显我们吸收了73号方案和68号方案的优势基因,更加健康强壮。

图 1 - 3　1 号航站楼国际方案征集的方案(一)

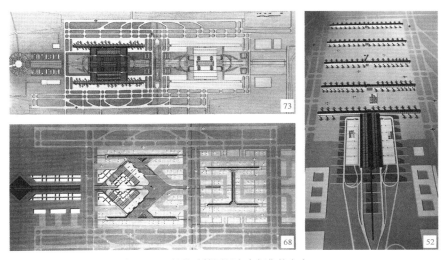

图 1 - 4　1 号航站楼国际方案征集的方案(二)

图 1 - 5　法国巴黎机场公司的中标方案

3. 浦东国际机场总体规划(1997 版)

在确定航站区规划方案后,我们就立刻开展了浦东国际机场的法定总体规划工作。

(1) 我们采纳了专家(刘观昌)关于加大两条主跑道之间距离的意见,把两条主跑道间距定在了 2 260 m。这使我们能在航站楼前置廊以外再布置一排远机位。后来的运行实践证明这是很英明的。

(2) 我们"不得不"听从某专家意见,将两条辅跑道与主跑道大尺寸错开。在 2004 年版的浦东国际机场总体规划修编中,我们改正了这个布置。

(3) 还是按专家意见,货运区采用了分散布局的模式。今天来看,我们当时存在两个问题:一是我们对 500 万 t 的年货运量完全没有信心;二是我们完全不懂 500 万 t 年货运量需要什么样的设施布局、应该怎样运行。

1997 年 4 月,中国民用航空总局批准了第一版《浦东国际机场总体规划(1997 版)》。

浦东国际机场总体规划(1997 版)被批准以后,我们立刻就对浦东国际机场的工作区、货运区、机务区等,开展了控制性详细规划工作,并建立起了一套由市规划局授权的、完整的规划管理制度。这在中国民航机场建设史上也是第一次,为浦东国际机场后来的发展奠定了较好的技术和制度基础。

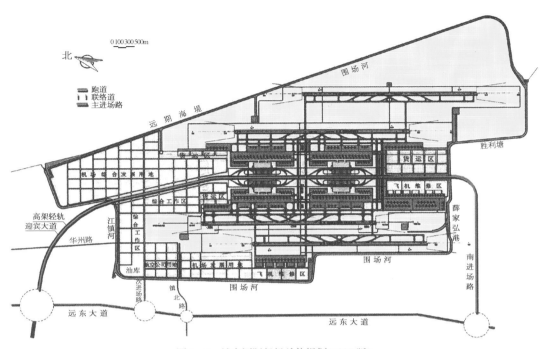

图 1-6　浦东国际机场总体规划(1997 版)

4. 2 号航站楼国际方案征集

2003 年 8 月,为配合浦东国际机场二期工程的建设,我们开展了 2 号航站楼的国际方案征集工作。2004 年 2 月,机场建设指挥部组织 13 位专家对应征的 5 个方案(图 1-7、图 1-8)进行了评审。我当时已被调任上海申通地铁集团有限公司工作,作为专家参加了这次评审。

在浦东国际机场一期工程中,我们建成了一个年旅客量 2 000 万人次的航站楼。到二期的时候,2 号航站楼要建多大? 就有了一些不同的想法:"是再建一个年旅客量 2 000 万人次的航站楼呢? 还是一下子建设一个年旅客量 6 000 万人次的航站楼呢?"5 个投标方案对此问题的回答可分为两类:一类是先建一个大的航站楼主楼和前置廊,以后再分别建设两个卫星厅,来满足第三个、第四个年旅客量 2 000 万人次的需求(图 1-8);另一类就是一次性建设一个年旅客量 6 000 多万人次的航站楼(图 1-7 中的 G 方案)。

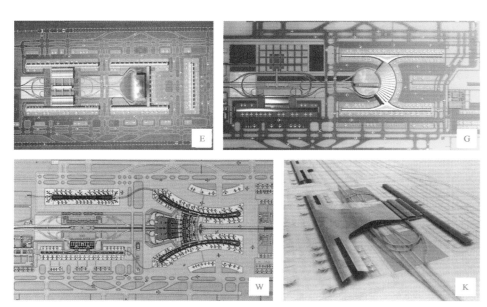

图1-7　2号航站楼国际方案征集的方案

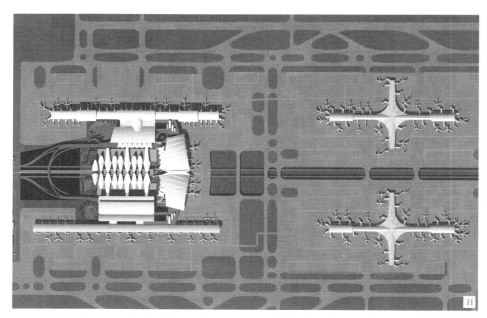

图1-8　美国兰德隆与布朗公司和杨·莫能建筑事务所合作的中标方案

航空旅客量的增长总是一条比较平顺的发展曲线,而设施能力的增长却是一个台阶状的折线。在图 1 - 9 中,虚线(市场需求)以上,与台阶形折线间围成的区域是空置的资源,市场需求虚线以下,与台阶形折线间围成的区域是航站楼超负荷的部分。理论上来说,台阶形折线与市场需求虚线间的面积越小越经济合理。但是,航站楼有一个合理最小规模问题。一座航站楼建成后,机场的旅客处理能力就升上了一个台阶。那么这每一个台阶到底要升多

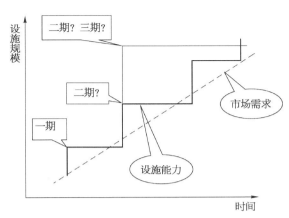

图 1 - 9　航站楼规模与市场需求的关系

高呢,这其实是一个很重要的投资课题。我们往往会忽略这是一个投资效益问题,往往会简单地从形式上考虑,把航站楼做得很高大上、规模很大。我不是说规模过大的航站楼永远没用,而是说如果它过多地超过了市场的需求,会使其作为无效资产被长时间闲置。

浦东国际机场 2 号航站楼方案评标的时候,我用图 1 - 9 说服了多数评委,即"一步做到位是不经济的"。所以,我们最终选定美国兰德隆与布朗公司与杨·莫能合作的 H 方案为中标方案,这是一个分 3～4 个台阶发展到 8 000 万人次的年旅客量的方案。

H 方案的主要特点包括:

(1) 一个屋檐下的航站楼主楼。规划由三个呈 U 形布置的航站楼主楼围绕陆侧交通中心。

(2) 一体化交通中心。陆侧交通中心与航站楼完全一体化规划设计,并一次性建设完成。

(3) 东西相对独立、南北一体。由 1 号、2 号航站楼分别对应 1 号、2 号卫星厅,分别提供给天合联盟和星空联盟为主使用,形成东西相对独立,南北(即主楼和卫星厅)一体化运营的基本格局。

(4) 三层式航站楼结构。将国际、国内楼层按上、下层布置,国内实行进出港混流,大大方便了旅客转机,同时也提高了站坪利用率。

5. 浦东国际机场总体规划(2004 版)

2004 年,根据《上海航空枢纽战略规划》对基础设施的要求和航站区国际方案征集的中标方案,做了一次修订,形成了《浦东国际机场总体规划(2004 版)》,如图 1 - 10 所示。

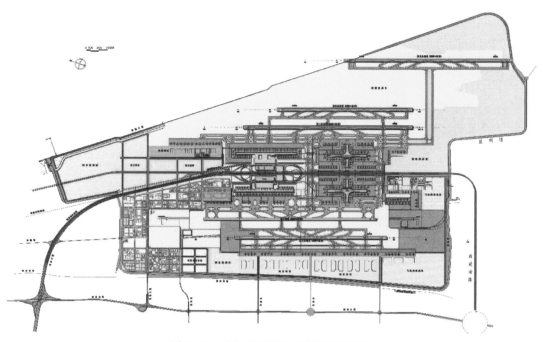

图 1 - 10　浦东国际机场总体规划(2004 版)

浦东国际机场总体规划(2004 版)保留了 1997 版的机场总体规划结构。包括：机场规模为每年旅客量 8 000 万人次、货运量 500 万 t；保留了旅客集疏运体系的规划结构；保留了土地使用的规划结构；保留了飞行区两条主跑道 2 260 m 间距和东西向垂直联络道的规划结构等。

2004 版主要调整了三个方面：

(1) 将第三、第四跑道调整为南端对齐的近距平行跑道,增加了第五跑道(仅仅为了占东面已经围垦出来的土地,没有具体的关于第五跑道的规划研究)。

(2) 航站区将"四个单元式航站楼",调整为"一体化的航站楼主楼加两个卫星厅",形成了"东西相对独立、南北一体"的基本功能布局,减少了一个陆侧综合交通枢纽。

(3) 增加了西货运区,为后来的保税园区和自贸区建设奠定了基础。

6. 浦东国际机场总体规划(2010 调整)

2010 年的浦东国际机场总体规划调整,是以中国商用飞机有限责任公司(以下简称"中

国商飞")使用第五跑道试飞为前提的规划调整。调整的内容只涉及第四、第五跑道,及其之间的关联设施,包括:

(1) 第五跑道与第四跑道的间距调整为 1 525 m,满足独立起降的要求;

(2) 调整第四、第五跑道间的第一组垂直联络道的位置,调至第五跑道中间的位置;

(3) 将第四跑道调整为与第三跑道起头同长;

(4) 确定第四、第五跑道之间的土地主要用于满足不断增长的航空货运需求、公务航空和通用航空需求。2010 年调整的浦东国际机场第四、第五跑道关联设施规划如图 1-11 所示。

之所以牵扯到第四跑道,是因为当年第五跑道的用地刚刚成陆,地基非常软弱,而地基处理需要较长的时间,无法满足中国商飞的试飞要求。于是先将工期相对较短的第四跑道建成,供中国商飞使用一段时间。待第五跑道建成后,再将第四跑道交还民航使用。

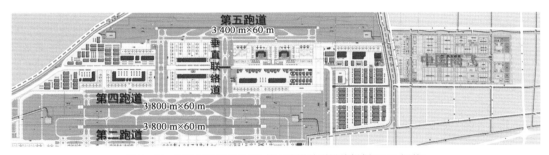

图 1-11　浦东国际机场第四、第五跑道关联设施规划(2010 调整)

7. 浦东国际机场总体规划(2015 调整)

为了配合浦东国际机场卫星厅的规划建设,2015 年我们又对浦东国际机场总体规划做了一次调整。这次调整明确把浦东国际机场的终端年处理旅客量提高到 1.0 亿~1.1 亿人次,主要调整内容包括以下三个方面:

(1) 将 2004 版总体规划中的两个十字形卫星厅(S1、S2),调整为两个 T 字形卫星厅,并将其连接在一起,形成一个大工字型卫星厅。这样调整以后,使飞机在站坪上的滑行更加顺畅了,两个卫星厅之间的部分机位可以在东西两个使用主体(天合联盟和星空联盟)之间转换。

(2) 明确了在卫星厅以南、维修基地以东的地块建设 3 号航站楼的规划。3 号航站楼规划旅客处理能力为 2 000 万~3 000 万人次,供以春秋航空为代表的、不加入国际航空联盟的中小航空公司使用。由于这些航空公司与其他航空公司之间几乎没有客货中转业务,它们的运营都具备相对独立性。这样一来,就会在浦东国际机场形成一个"T1＋S1"、"T2＋S2"之外的第三功能模块"T3"。

(3) 通过这次总体规划调整,我们在国内首次实现了"机场用地内(除主功能区以外)控制性详细规划的全覆盖(不含飞行区和航站区)"。这为浦东国际机场围场河以内地区的规划管理工作,奠定了非常好的基础和技术保障。

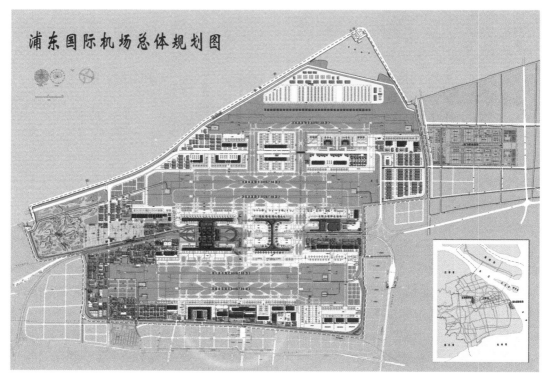

图 1－12　浦东国际机场总体规划(2015 调整)

任何基础设施系统都有一个"合理最大规模"问题。例如我们的飞机一直是越做越大的,但每次新的更大机型出现时,人们都会问"是做更大的好呢,还是做成两架较小的好?"直到欧洲空中客车公司(以下简称"空客")A380 飞机出现后,人们基本统一了认识:不能再大了!我们机场也是一样的,过去我们一直是越做越大。当亚特兰大机场、达拉斯机场启用第三组独立进近跑道后,人们也开始思考是启用新的跑道呢,还是再建一个机场呢。

我认为一个合理、高效机场的最大规模,应该就是两组独立进近的跑道、大约 8 000 万人次的年旅客量。如果再增加第三个独立进近跑道系统,空域、基础设施、地面集疏运系统等资源的增加就不成比例,资源投入的效率会越来越低,且极易造成大面积延误。因此,我认为浦东国际机场的最大规模应该限定在五条跑道、年旅客量 1.1 亿人次以内;第三组独立进近跑道用于处理计划航班以外的专机、包机、公务机等,夜间的部分货机,以及白天高峰时间第一组、第二组独立进近跑道溢出的到港航班。

8. 卫星厅国际方案征集

浦东国际机场二期扩建工程完成之后,客货增长都很迅速。到 2013 年时,客机靠桥率就已经低于 50％了,服务水平下降、延误率增加,卫星厅的建设迫在眉睫。于是,2013 年初指挥部启动了"浦东国际机场卫星厅国际方案征集"工作。

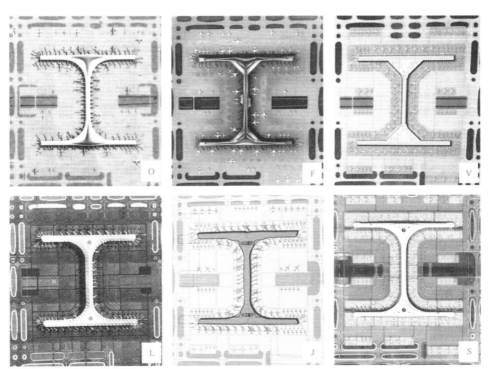

图 1－13　浦东国际机场卫星厅国际方案征集所得方案

六家国内大型设计企业与国外六家有大型卫星厅设计经验的企业合作,为我们提供了六个方案。经过来自国内外运行指挥岗位、航空公司、机场高管、建设管理、建筑师、结构工程师等多个方面的 13 位评委的认真评审,一致推荐"O 方案"中标。

由中国中元国际工程有限公司与美国库根建筑设计事务所合作的这个方案得到评委们一致认可的原因主要包括以下几点:

(1) 旅客流程简洁,中转流程集约高效,可操作性强。

(2) 可转换机位带来的国际到达层面积最省,创造性地提出了一个集约高效的剖面设计方案(图 6 - 12)。

(3) 大面积的钢筋混凝土屋面、高侧窗、简约务实的幕墙等,带来了巨大的经济性、维护量的减少,以及维护便捷度的提高。

(4) 设计团队非常熟悉机场运营,细节设计到位,后期需要进一步优化、细化的工作量极少。

目前,浦东国际机场卫星厅工程正在紧锣密鼓地实施中,到 2019 年下半年就能够投入使用了。卫星厅提供的近机位比两个主楼前置廊提供的所有近机位之和还要多,卫星厅竣工投用之后,将极大地提高靠桥率、改善服务质量。

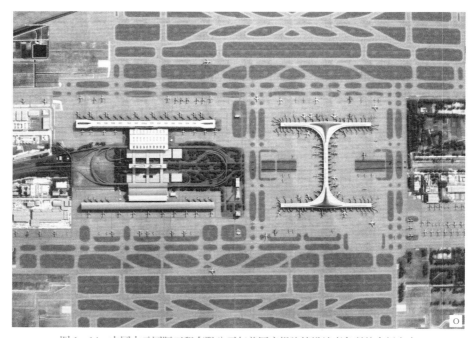

图 1 - 14 中国中元国际工程有限公司与美国库根建筑设计事务所的中标方案

9. 浦东国际机场总体规划（2017 草案）

　　2016 年底，上海两个机场的旅客量突破了 1 亿人次，而且增长率未呈现放缓的迹象。根据美国兰德隆与布朗公司、中国民航机场建设集团公司、中国民航干部管理学院等单位的预测，上海在 2040 年前后的航空旅客年运输量将在 2.4 亿～3.3 亿人次。于是，在强大的压力之下，我们被迫做了一轮总体规划修编。前提是"上海及其周边地区都不能提供新的航空运输能力"，我们研究了浦东国际机场最大可能的扩建规划，探索了浦东国际机场最多能解决多少运输量。

　　前面我已经提到机场的合理最大规模是"两组独立进近、两主两辅四条跑道"。因此，我们实际上是探讨了将两个机场放在一起的可行性。可以把它看作是"一对连体的双胞胎机场"（图 1 - 15）。毫无疑问，该方案将会带来空域航路、地面集疏运系统，以及机场内部设施和

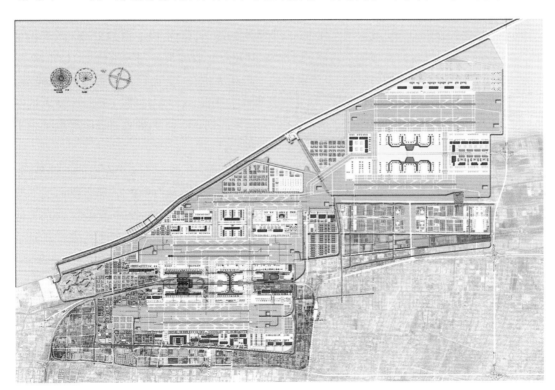

图 1 - 15　浦东国际机场总体规划（2017 草案）

运行上的巨大困难。这些困难对于现代技术来说,不是绝对不能解决的。但是,我们在做之前还是要从具体的技术方案中跳出来,做些哲学上的思考,想一想:我们为什么要这么做?这么做会给我们带来什么? 还有别的、更好的办法吗?

把上海的年航空旅客量做到 2 亿人次以上,也就是现在旅客量再翻一倍,会要求我们增加大量的基础设施,包括航路、道路、铁路和轨道交通,还有水、电、气、通信等。这样一来,我们首先感受到的就是生活环境的破坏,航空噪声、地面交通噪声、空气污染、干净水的缺乏等。

这真的是我们想要的吗?!

10. 3 号航站楼系统的规划原则

卫星厅建成以后(或者说到目前为止),浦东国际机场"东西相对独立、南北一体"的功能结构已经形成。浦东国际机场年旅客量 8 000 万人次的能力,是由 T1+S1、T2+S2 两套相对独立的系统(设施和设备)完成的。现在,T1+S1 由天合联盟成员公司为主使用,T2+S2 由星空联盟成员公司为主使用(其他非上述联盟的小公司集中在 T2 运行),所有的系统、设备、设施都已逐步到位,2019 年以后就进入稳定运营期了。因此,3 号航站楼(T3)的建设应该以"与已经稳定运行的 T1+S1、T2+S2 系统分离"为规划原则,在 T3 的规划建设中尽量减少不停航施工的内容和范围,最大限度地降低安全运营风险。

我是一再强调浦东国际机场的最大规模应该控制在年旅客量 1 亿人次左右的。但是,如果真有"不惜降低服务水平和运营效率,也要提高机场旅客处理量"的要求,那么我们就不得不规划建设第四、第五跑道之间的卫星厅,即被迫建设浦东国际机场的第三套相对独立的运营系统"T3+S3"(图 1-16),或者拆除现有机务区,承担巨大的资产废弃的压力,强行建设一个巨大的 3 号航站楼(T3)(图 1-17)。

由于年旅客量 1 亿人次以上的运量,必然更频繁地使用第五跑道,甚至需要第六跑道,因此我们就将不得不面对大量的飞机在(第一、第二跑道之间的)主航站区与第五跑道之间长距离滑行,并穿越第二、第四跑道的困境,延误可能就是"家常便饭"了。

很显然,这都不是科学的规划方案! 结论如前所述:机场是有"合理最大规模"的,不是越大越好。就如同飞机不可能无极限地越做越大一样,人们会思考"是一架超大型飞机好,还是两架中小型飞机更好"的问题。空客 A380 飞机的兴衰是非常值得我们认真研究的。

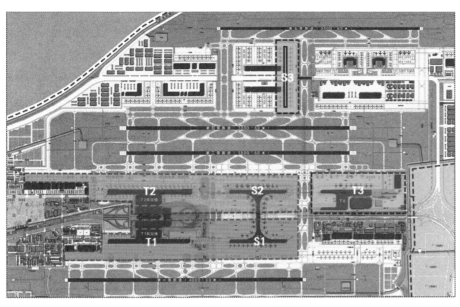

图 1-16　浦东国际机场航站区三大系统规划(T3-S3 方案)

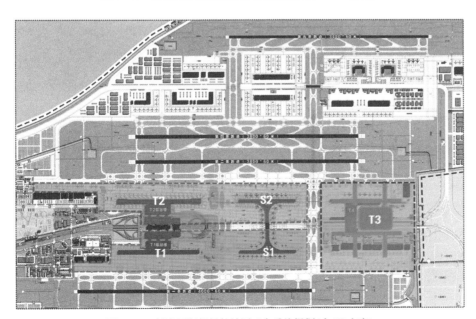

图 1-17　浦东国际机场航站区三大系统规划(大 T3 方案)

另外,3 号航站楼(T3)由于偏离两条主跑道之间的中心地带,会带来飞机滑行距离较长、容易产生拥堵等重大缺陷,这意味着不适合把 T3 的容量做得太大。因此,我们的总体规划一直是留给以春秋航空股份有限公司(以下简称"春秋航空")为代表的、非联盟的中小航空公司使用的,而天合与星空两大航空联盟是不适合在 T3 运营的。特别是最大的基地航空公司——中国东方航空集团有限公司(以下简称"东航")已经建成的货运、食品、地服、飞行队,以及行政管理和后勤保障设施都集中在机场的西北部,与 T3 的距离都在 5 km 以上,这会大大影响运行效率、增加运营成本。假如东航使用 T3,势必要求 T3 有更多的机位,由于 T3 所在地块比较局促、又偏离中心地段,会导致需要在别的地方(例如在第四、第五跑道之间,或拆除维修基地)建设新的卫星厅(S3)。这样一来的结果就是机场航站区整体能力的进一步扩大,也就意味着跑道能力的不足。如果我们顺势进一步扩大第五跑道的运量,甚至增建第六跑道,那就会造成空域、航路的进一步紧张,飞机地面滑行距离总长度将更长,延误将更加严重。现在每架飞机的地面滑行时间已经超过 20 min,如果变成 40 min 或更多,我们能接受吗?

不可思议的是,居然还有人提出了 T3 使用 S1、S2 机位的方案。不得不说,这是一个非常糟糕的想法,这会导致 T1 - S1 和 T2 - S2 系统资源的闲置、S1 和 S2 旅客使用上的极大混乱、流程的大规模改造、旅客捷运系统服务能力和水平的下降,以及几乎所有机场运营信息系统的不停航改造等众多非常棘手的问题。

◇ 本章感言 ◇

机场总体规划对机场发展的意义是不言而喻的,而且这是一项持续不断的工作,必须常抓不懈。根据机场发展的要求,浦东国际机场的总体规划每 5 年左右就要修编或调整一次。与此同时,为配合旅客航站楼的建设还要开展一次航站楼国际方案征集。20 多年来,由于我们坚持保留了浦东国际机场最初的规划结构,所以没有造成大的浪费。每一轮规划修编和方案征集都是对上一轮的修正和补充,都使浦东国际机场的发展踏上了一个新的台阶。

一期工程中,我们没有弄清楚"总体规划"与"航站楼方案"的关系,总体规划受航站楼方案的影响过大。在二期扩建中,我们发现要使机场建设科学、有序,总体规划修编就应该走在航站楼设计之前,为航站楼的规划设计提供依据;也为航站楼方案的征集提供技术要求。也就是说,要根据机场发展的需求,在新一轮大规模建设之前启动机场总体规划的修编工作,并在规划修编工作基本完成之时,启动航站楼设计方案征集工作;然后将方案征集中得到的中标方案进一步优化后,纳入总体规划修编的文件中上报。在随后的虹桥综合交通枢纽工程和浦东国际机场三期扩建工程中,我们都坚持了这一原则,取得了很好的效果。

由于对机场的净空、电磁环境保护和防噪声、鸟害、烟雾等的需要,以及城市规划管理部门对土地开发进行管理的需要,机场及其周边地区仅有一个总体规划是不够的,必须要做一个控制性详细规划。但是,在机场的飞行区、航站区做控制性详细规划是没有意义的。即使是在货运区,对其货运站的控制指标往往也很难符合生产运营的发展需求,只能对土地使用性质、建筑物高度等少数指标做些控制。因此,建议把控制性详细规划的重点放在机场工作区、生活区、临空产业园区等非核心功能区。

最后,我以吴良镛先生的话作为结语:"**最差的规划方案,也比天天被改的规划方案好!**"

第 2 章

1986 年，上海城市总体规划将浦东国际机场规划在浦东蔡路乡、合庆乡地区。随后的场址选择受地质、社会、耕地保护与动拆迁等影响而三移场址。自始至终，我们对机场与周围环境的和谐相处都给予了最大的关注。

机场选址与环境治理

　　浦东国际机场的选址是一个非常复杂的过程。首先要回答的就是"上海航空枢纽为什么是浦东国际机场,而不是先发展的虹桥国际机场"。这是一个战略问题,不是在技术层面讨论的。

　　随后,浦东国际机场的选址工作就一直以环境保护、环境治理为中心展开工作。场址的多次变迁,都是为了一个目标,即减少对环境的不良影响,保护生态环境、水环境、大气环境、声环境等。当然,对于机场选址来说,飞行噪声的问题是首当其冲的。浦东国际机场的选址与规划自始至终都把飞行噪声问题放在首位,以环境友好、环境适航为目标,不断地与周围地区协调发展规划,并最早提出了港城一体化开发建设的航空城规划理念。

11. 虹桥? 还是浦东?

　　我经常被问及:为什么上海当年没有先发展虹桥机场,而是在虹桥机场年旅客量还不足1 000万人次的时候就选择了建设新机场? 我是这一决策的参谋和亲历者,应该把我知道的故事告诉大家。

　　20世纪90年代初,浦东新区成立,上海的改革开放进入一个新的时期。邓小平说浦东开发晚了。当时,上海航空枢纽的建设面临来自成田、关西、仁川、新加坡,甚至吉隆坡、曼谷等机场的巨大竞争压力。大家都想成为21世纪亚太地区的世界级航空枢纽。在中国,上海必须承担起代表国家参与这一世界级枢纽竞争的责任。但虹桥机场能够承担起这一任务吗? 为了回答这个问题,市政府组织了国内外多家咨询机构和专家学者,开展了两年多的论证工作,基本达成了以下共识:

　　(1)虹桥机场已经被城市建成区包围,已经不大可能为一个大型国际航空枢纽的规划建设提供足够的土地,也不可能规划建设三类盲降系统。

　　(2)越来越大的飞行噪声影响会成为今后大型航空枢纽的发展瓶颈。

（3）虹桥机场与大场机场太近，空域冲突很大，会严重限制虹桥机场的飞行容量。

总之，虹桥机场未来不可能"24 小时、全天候"运行，容量也会受到很大限制。我有幸参加了最后的论证、决策会议。当时会上达成了上海国际航空枢纽必须是"24 小时、全天候、8 000 万人次／年和 500 万 t／年以上的超大型机场"的共识，时任黄菊市长问："虹桥机场能够建设成为大型国际航空枢纽吗？"对于受各种因素困扰的虹桥机场来说，答案当然是"不行"。于是他反问："那我们还等什么呢？等他们（注：他们指关西机场、仁川机场等）建好了、强大了，我们再搞浦东国际机场吗？"后来，他又用了很长一段时间，讲了马上启动浦东国际机场规划建设的另一个理由，即浦东开发开放也非常需要一个国际性航空枢纽的牵引。最终，大家基本达成了尽快启动浦东国际机场规划建设的共识。

因此，我认为尽快启动浦东国际机场的规划建设，从一开始就是国家层面上的战略决策，它既是中国民航参与国际航空枢纽竞争的需要，也是另一项国家战略——浦东开发开放的需要。我们不能仅仅从战术层面上、从机场发展的技术层面上来理解。

今天，20 多年过去了，我们看到历史已经证明了这项决策的正确性。我们抓住了这一历史机遇！经过 20 多年的不断努力，我们把浦东国际机场建设成为世界级的航空枢纽（2018 年，浦东国际机场主要生产指标：7 400 万人次、377 万 t，50 万架次，基地公司中转率 20%）。

12. 三移场址、少占耕地

浦东国际机场最早的选址位于龙东路东延伸至海滩处，规划中的龙东路就是浦东国际机场的主进场路。1992 年，上海城市总体规划进行修订，将机场场址确定于浦东新区川沙县城东南的江镇乡境内。进入场址论证阶段以后，地质勘探发现该场址北部有死火山口和地质断裂带，于是我们又将机场做了进一步南移。当我们向市领导汇报由于地质原因需要南移场址时，黄菊市长提出进一步南移至当时上海市内最贫困的江镇、施湾、祝桥、东海地区，这将会使最贫困的几个乡彻底脱贫。该提议获得了大家的一致认同。最终浦东国际机场的场址又南移了 4.8 km，如图 2-1 所示。

1995 年，在对浦东国际机场建设进行环境影响评价时，专家提出了机场建设对候鸟的影响、占用耕地和飞行噪声等问题。本着有利于长远发展，既要保护候鸟等野生动物，又要保障机场飞行安全的原则，通过对场址附近生态环境、河口水文、海洋生物等多方面的综合研究，

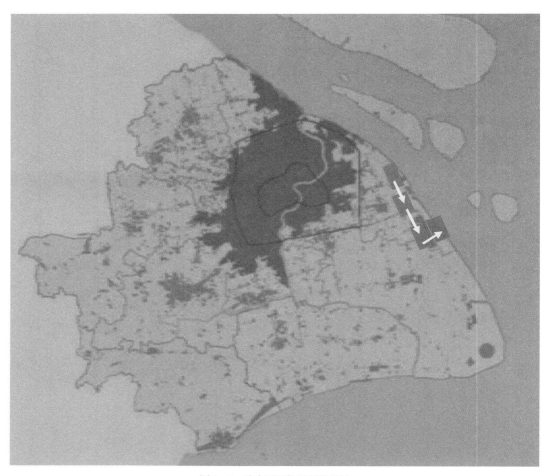

图 2 - 1   浦东国际机场三移场址

最终确定了将场址进一步东移,在场址东侧海滩围海造地的方案。

通过对防汛排水、场区地势、工程衔接和工期规划等多方面的综合考虑和论证,我们将机场场址东移 700 m,避开了人口稠密的望海路,进一步减少了占用耕地,使 5 000 多户居民免受立即动迁之苦,保持了现有社会环境,赢得了更充裕的一期工程建设时间,同时大大减少了机场噪声等的影响。场址东侧海滩的自然淤积还为远期机场扩建工程储备了土地资源,从而为将来进一步少占场址西侧的优质农田奠定了可能性。

但是,如果我们当年听外国专家的意见,彻底地把机场东移至当时的海堤(人民塘)以外,

那就是另外一幅场景了。

13. 种青引鸟、生态佳话

　　通过选址工作确定的浦东国际机场场址处于滨海地带,南北长 8 km,东西宽 4 km。场址大部分区域为滩涂和湿地。我国东海岸是世界候鸟迁徙的主要路线之一,而浦东国际机场场址及附近地区恰好处在候鸟迁徙路线上,即亚洲东部路线的西侧边缘。

　　调查发现,此处的鸟类资源比较丰富,有越冬的冬候鸟、在此地区繁殖的夏候鸟、春秋两季迁徙并作短暂停留的旅鸟和常年生活在此的留鸟等。调查记录鸟类共计 159 种,其中候鸟和旅鸟约占 85.6%,包括鹰类、鸳类、水禽类、鹬类等 59 种已发生过鸟撞飞机事故的鸟类,部分鸟类活动高度对航空器飞行造成严重威胁。

　　这一问题当时被炒作得非常厉害,有人甚至写文章说"浦东机场让鸟撞上了飞机"来否定浦东国际机场的选址。这是我们选址期间面临的第一个难题。

　　我们在处理场址鸟类问题上,采取了非常审慎的态度。我们将这一问题,首先视为一个科学研究课题,而不是简单的工程问题,要充分体现人对自然环境的关怀和机场建设者对环境影响的高度重视。我们委托上海师范大学的鸟类专家进行了为期两年的实地观察、调查,先后召开了由上海环境科学研究院、中国环境科学研究院、中国民用航空总局、中国国际工程咨询公司等单位组织的专家评审会,对机场建设的环境影响和鸟类问题进行了反复论证。

　　渐渐地,大家逐渐在一些问题上达成了共识:

　　(1) 机场建设必定会迫使大多数现有鸟种逃离家园,这对于未来机场运行安全、防范航空器鸟击是十分有利的,也是十分必要的。浦东国际机场的建设将占用大片沿海滩涂湿地,破坏这一地区原有的湿地植被,生态环境将从农村景观转变为城市景观,人口急剧增加,交通量迅速上升,必将使现有的多种鸟类被迫离开这一地区,该地区鸟类种群数量将明显减少。

　　(2) 本着人与自然和谐相处、保护机场周边生态环境和野生动物的精神,在建设机场的同时,必须要为原来在此栖息、驻留的鸟类再造家园。

　　(3) 处于长江口、距场址 11 km 的天然小岛九段沙,可以考虑作为再造鸟类家园的处所(图 2-2),但要对其可行性做进一步的调查和论证。

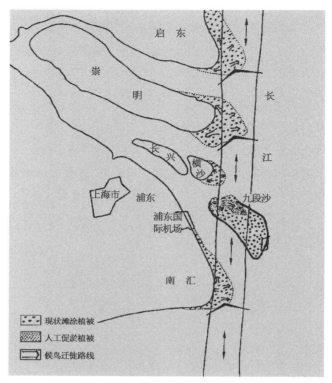

图 2-2　九段沙种青引鸟工程示意图

　　为论证在九段沙再造鸟类家园的可行性,我们又进一步组织地貌、沉积、水文、生物、生态、水利等多学科专家进行现场考察、研究,并委托华东师范大学河口海岸学国家重点实验室组成课题组,对此进行专题研究,最后得出结论:"九段沙种青引鸟"不仅完全可行,而且在某种意义上是为浦东东滩的鸟类找到了更适合其生存、栖息的永久性家园。因为即使没有建设浦东国际机场,随着浦东新区的开发建设,东海之滨肯定也将不适合鸟类的生存、繁衍。

　　九段沙种青引鸟工程方案形成后,我们很快就组织实施了这一工程项目。1997年5月,经过上海市水利局、华东师范大学、指挥部和横沙海塘管理所等单位的联合验收,确认所种芦苇成活率约80%、互花米草成活率约70%,而且这是在经历了潮汛和风浪考验后的成活率,证明种青工程获得了圆满成功。种青成功意味着九段沙促淤会加速,岛的面积会很快扩大。

种青工程结束之后,接下来就是要全面考察"种青"的效果——"引鸟"是否能够按照预期的计划实现。为此,我们继续委托华东师范大学河口海岸实验室对"种青引鸟"的效果进行跟踪观测。1998 年 9 月至 1999 年 6 月,科研人员重点对九段沙、机场江滩、南汇边滩和崇明东滩区域的鸟类活动分秋季、冬季和春季进行了调查。根据观察,1998 年初期调研中观测到迁徙鸟 68 种(秋季、冬季和春季各为 38 种、24 种和 42 种);1999 年调研中观测到迁徙鸟 79 种(秋季、冬季和春季各为 38 种、28 种和 70 种)。调研结果与初期相比,总鸟种数增加了 11 种。秋季种数持平,冬季增加 4 种,春季增加 28 种。由此可见,"种青引鸟"的生态工程已取得了初步成果。

在此基础上,我们还继续深入开展了课题研究,对鸟类问题进行了远期规划,以期更加系统、全面地了解机场区域的候鸟活动规律。研究内容包括:浦东机场 30 km 半径范围内候鸟的种类和数量;各种候鸟每年的出没时间、平均飞行高度、栖息地、觅食地、聚集地和昼夜活动规律;浦东机场 30 km 半径范围内候鸟栖息地生态环境质量、候鸟饵料状况及变化趋势等。

最后,在上述一系列研究的基础上,同时提出了"鸟击"防范措施和候鸟保护措施,从而达到了"保证机场运行安全,保护候鸟活动自由"的双赢目的。

14. 两级排水、一石四鸟

浦东国际机场滨临东海,其周边水文环境十分复杂和脆弱。机场的兴建和存在,必然要在一定程度上破坏原有水文环境并常年向外大量排水,很容易对机场附近的自然水系和农耕灌溉系统造成不良影响。如何妥善处理机场排水与保护水文环境的关系,事关机场和周边区域的可持续发展,是我们当时在选址与规划期间面临的第二个难题。

浦东国际机场属于长江三角洲前缘冲积平原,场址地势平坦,地面高程为 3.4~4.3 m。场址附近河网密布、运河交错、沟渠纵横,有大量河道和水利灌溉设施,河流平均密度达到 8.85 km/km²,水面积占 12%,与周边地区水系成为一体,河道水位受水闸控制。内河水位一般在 2.3~2.8 m,最高水位 3.9 m,低水位为 1.3 m。地下水位 3.0~3.5 m。内河水可乘外海低潮自排,高潮自引。海塘外滩地的潮汐属非正规半日浅海潮,每天两涨两落,潮差明显。200 年一遇高潮位为 5.83 m,100 年一遇高潮位为 5.66 m。区域雨水通常是先汇集到东西向河流:江镇河、施湾港、界河、六灶港、薛家泓港等,然后向西流进浦东运河,再汇往川杨河、大治河,排往长江口(东海)。

浦东国际机场地区水文环境的复杂,主要体现在以下五个方面:既有自然水系,又有农耕灌溉沟渠;直接受外海潮汐作用影响;河流密度大、水面积广;内河水与外海水之间存在复杂的交流与作用;机场建设中和建成后,区域水文环境势必面临新的调整。

浦东国际机场建成后,必将导致场区蓄水面积和调蓄库容大减。由于机场将建设大量的建筑物、构筑物等基础设施,特别是大面积不透水机场道面(跑道、滑行道和机坪)的存在,势必使机场产生大量排水需求。按照常规做法,机场会通过填方来抬高机场场址的地坪标高,再利用场区与周边的高度差将场区雨水排掉。但这样做有两个问题:一是机场所在地区河道常水位一般维持在 2.5~2.8 m,规划洪涝水位 3.8~3.9 m,地下水位为 2.5~3.5 m,为确保道面土基保持干燥或半干燥状态,跑道道面的基槽标高必须位于最高地下水位之上,这样机场须整体垫高 1~1.5 m 才能达到要求。这也就意味着要从场外搬运砂土 3 000 万~4 000 万 m³,这样不仅代价太大,而且这在无山无坡的上海,根本无法组织实施。二是采用"高差排水"方案,机场本身的排水问题是解决了,但如此大量的水排向周边,必然增加周边区域的排水负担,对周边区域的水文环境、农耕灌溉和水生生物都会造成严重影响甚至破坏。

为此,指挥部组织水利和城市建设专家进行研究,经过分析,发现浦东国际机场在地理上有两个特别的条件:一是其位置濒临长江口,长江口一日两潮,可利用低潮重力自排,减少排水泵站装机容量;二是机场跑道走向为南北向,与江边海塘近乎平行,无法实现场区内部排水沟管东西向布置直接外排入长江口,必须在场区周边布置沟通河道,以便满足就近排放的要求,同时也为了减少二级排水系统对场区运营设施规划布置的干扰。

最终,我们规划建设了环绕机场的围场河,将机场和周围的农田隔断,利用长江口巨大的潮差建造泵闸结合的独立二级排水系统;机场围场河以内的各排水分区建立一级排水系统,各自通过自己的系统收集雨水后,强排进围场河(图 2-3)。我们把跑道最高点设置为 5.10 m,把二级排水系统的常水位控制在 2.35 m,低于周围地区 2.5~2.8 m 的常水位。该系统既减小了机场生产运营中的排水运行成本,又降低了整个机场的地下水位,使得机场飞行区的道面结构位于地下水位以上,还降低了整个场区的地势标高,使得机场自身土方平衡得以实现,可谓一举多得。

二级排水系统分别在江镇河出海口及薛家泓港出海口,规划建设了挡潮闸和泵站(图 2-3 中的★处)。挡潮闸的主要作用是实现二级排水的自排和从长江口引水。平时二级排水

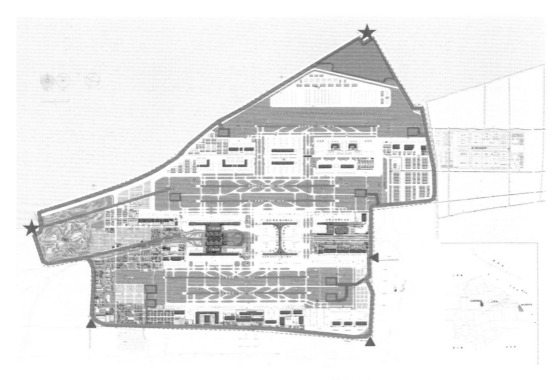

图 2 - 3　浦东国际机场的二级排水系统

水系河道水位靠挡潮闸调节,维持在常水位;暴雨来临前开挡潮闸,趁长江口低潮把围场河的水位预降,腾出库容以调蓄暴雨水量,从而减少泵站装机容量及运行时间。当长江口水位高于内河水位时,关闸挡水,内河需要排水时开泵抽排。为减小出海泵闸装机规模,降低基建投资及经常运行费用,我们还规划了一定规模的调蓄水库。同时,我们在围场河与周边水系交界处设置了三座节制闸(图 2 - 3 中的▲处)。通过节制闸,控制场区水系与周边水系的联系,实现"可分可合、调度灵活"的目标。即平时水系完全独立;当挡潮闸下游引河需要冲淤时,则启闸引入场区周边水系的水冲淤;当场内水系需要改善水质,而周边水系水质较好时,可启闸作引清调度;当周边水系排涝能力不足,而二级排水水系排水能力富余时,可开闸调度排水,以帮助周围地区排涝。

　　在整个排水系统设计中,除保护了周围水文环境外,还力图实现长久、经济、可靠的可持续发展。考虑到上海海平面不断上升和有可能产生的地面沉降,设计方案相应提高了机场排水设施的设计标准。机场排水分为飞行区、航站区、货运区、机务维修区和工作区五个区域。同时,为节省运营成本,沿一级、二级排水系统的河道规划了排水的自流范围。

考虑到飞行区对于机场运行安全和效率的重要影响,特别是机场道面淹没后对道面结构和承载力的严重削弱,设计中根据民航规范采取了 5 年的雨水重现期,远远高于市政排水设计标准。考虑到出海泵闸对排水系统的重要性,指挥部特别委托有关专业单位就泵闸进行水工模型试验研究。对挡潮闸排涝、引水以及泵站抽排等不同运行工况分别进行试验,观测各工况下的泄流能力、流态和流速分布、水头损失和消能情况,并对观测成果进行分析。通过分析和实验,进一步优化了设计方案。

关于排水泵,为有利于将来运行和远期发展,考虑到潜水泵具有可靠性高、安装维修方便和控制方便等优点,最终选用了潜水泵。

通过二级排水系统的巧妙设计,机场形成了相对独立的排水系统,既彻底解决了机场本身排水问题,还产生出相当显著的环境保护效益,突出体现在以下三个方面。

(1) 保护了机场周边的水文环境。在通向长江的机场南、北出口,各建泵闸一座。平时,二级排水水系河道的水位靠挡潮闸调节,维持常水位;暴雨来临之前,趁长江口低潮时开闸,使围场河水自流进入长江口,尽量降低水位。暴雨降临时,充分利用围场河调蓄库容,待达到一定水位高度后再开泵抽排。这样可以大大减小泵站设计流量、降低设备投资。由于没有"抬高地坪、高差排水",机场排水系统建成后,不会有大量排水直接向周边倾泻,而是在汛期直接排向长江,大大减轻了机场周边区域排水负荷。机场排水同样没有对周边区域河网、运河和沟渠等水文环境造成影响,区域自东向西的主流排水方式也没有发生改变,维持了原有排水机制。

(2) 保护、改善了机场周边的农田排灌条件。机场二级排水,使得机场周边的灌溉沟渠和农用水系没有发生变化,可继续保持其功能。考虑到机场与周边地区耕田、水环境的联系,在江镇河、白龙港、人民塘随塘河各设一个节制闸,通过节制闸与外界水系连通。雨季时将节制闸关闭,靠机场本身排水系统来消化雨水,不增加周边水系的负担,甚至可在周边水系排涝能力不足、机场水系排水能力冗余时帮助周边地区排水,改善周边农田的排涝条件。在枯水季节,通过开启挡潮闸从长江口引水,用来丰沛机场围场河与临近水系的水量、改善水质,进而改善周边区域农田灌溉条件。

(3) 显著改善了机场围场河的环境。围场河首先是作为机场排水系统的调蓄池。除此之外,在机场施工、机场排水泵站建成之前,围场河能起到重要的施工排水作用;围场河作为

机场与周边的"屏障",阻隔外界人员侵入的作用不可忽视;从空中俯瞰浦东国际机场,围场河宛若一条环绕机场的绿色绸带,令机场充满灵动、美轮美奂。尤其值得关注的是,围场河大范围的水面,可吸附、消解大气污染物,还在一定程度上改善了机场小气候、削弱了热岛效应。

地球上水的储量很大,但陆地上的淡水资源只占地球上水体总量的 2.53% 左右,其中近 20% 是固体冰川,即分布在两极地区和中、低纬度地区的高山冰川,很难加以利用。水资源短缺已经成为世界性的热点问题。我们这条围场河中收集的淡水,就这么白白排掉实在是太可惜了。于是在浦东国际机场二期工程中,我们又将这条储水量巨大的围场河作为雨水回用的储水库,规划建设了一个巨大的雨水回用系统。将利用围场河里的水,经过物化处理后回用,可满足 T2 航站区部分楼层的冲厕用水及绿化浇灌、站坪清洁,机场二期能源中心冷却水补水等需求,可以减轻机场自来水的供应负担,节约水资源。经估算,雨水回用系统的投入约 6 年可收回成本,对浦东国际机场的营运也能带来长期的经济效益。

总之,通过巧妙的二级独立排水方案,浦东国际机场同时解决了控制水位(保证道面结构安全)、保障排水安全和保护环境、雨水回用问题,一石四鸟,谱写出了机场建设与环境友好发展的和谐篇章。

15. 噪声预测指导跑道定位

民用机场在为人们带来航空运输便捷的同时,也会造成一些负面的环境影响。其中,航空器噪声对周边社区的影响,就是最为棘手的问题之一。航空器噪声是指航空器在机场起飞、着陆、地面滑行和进行发动机试车时所产生的噪声。

航空器噪声的特点包括:

(1) 噪声级高,喷气式飞机起飞噪声的声功率级高达 150 dB 以上;

(2) 噪声影响范围广,呈明显的立体空间扩散特点,波及范围常常可达数十平方公里;

(3) 噪声源为三维运动,噪声具有非稳态特性;

(4) 噪声影响具有时空间断性,即对一架飞机来说,只在起、落点的机场附近造成短时噪声影响。

航空器噪声如果控制不好,对周边社区人们的生活、工作都会带来严重影响。随着民航运输飞机,特别是大型飞机机队规模的不断扩大,民航机场数量、规模和起降架次的迅猛增加,我国机场的航空器噪声影响问题已渐渐引起民航业界和社会的高度关注。

根据我国环境保护和基本建设项目管理的有关法律规定,机场建设项目必须进行环境影响评价(以下简称"环评")。环评的主要目的是对机场建设项目实施过程中和项目建成后的各方面环境影响进行评价,旨在控制环境污染、保证环境质量。机场建设环评包括:声环境、大气环境、水环境、自然与生态环境和固体废弃物影响评价。其中,声环境评价主要针对航空噪声的现状影响和预测影响评价。为准确确定机场航空噪声的现状影响和未来预测影响,必须再明确有关条件,包括:机场跑道数量、方位和构形,各跑道在两个方向、各飞行时段(白天、晚上和夜间)的飞行架次、机型组合,机场的飞行程序(包括进近程序和起飞离场程序),各机型的噪声特性参数和噪声-距离特性关系,机场周边的地理、人口和建(构)筑物信息,以及周边区域的风速、气温、标高等。显然,对于像航空器噪声这样多影响因素的计算、评价问题,只有在有关因素信息准确的情况下,才能得到相对准确的结果。

航空器噪声环评的成果,通常包括机场及其周边区域的噪声调查和监测情况、航空器噪声等值线图和评价建议。《环境影响评价技术导则——民用机场建设工程(HJ／T 87 - 2002)》规定了航空器噪声现状影响调查范围,即跑道两侧 2 km、跑道两端延长线各 8 km,重要敏感点至跑道两端延长线各 15 km 的区域;飞机噪声现状监测范围,即机场跑道两端 5 km、跑道两侧 1 km 区域内重要敏感点及近台附近。航空器噪声等值线图给出了机场及其周边各声级水平下的区域范围。根据我国航空器噪声评价标准《机场周围飞机噪声环境标准(GB 9660 - 1988)》,航空器噪声评价量采用"计权等效连续感觉噪声级(weighted equivalent continual perceptional noise level, WECPNL)"。噪声等值线图通常要给出 WECPNL＝70.0～75.0 dB、75.0～80.0 dB、80.0～85.0 dB 和 WECPNL≥85.0 dB 的区域范围。噪声等值线图对于机场周边的噪声相容性规划具有重要指导价值。评价建议则是要对降低航空器噪声影响的具体对象和措施提出意见。

现在,我们国内普遍存在的问题是:项目环评往往发生在项目可研阶段,而此时机场规划已经确定,特别是对噪声影响最大的跑道定位已经不可变更。于是环评就只能是说明影响程度,对策就比较被动了。在浦东国际机场总体规划的历次修编中,我们都大大加强了环评工作,让环评与机场规划充分互动,这对机场可持续发展发挥了重要作用。其成功之处主要体现在以下三个方面:

(1) 高度重视机场规划中的噪声环评。积极配合环评实施单位,在机场总体规划、飞行程序、机型组合、跑道使用规则、周边地理人口信息等方面提供了比较翔实、可靠的数据,为取得准确的噪声环评结果奠定了基础。

（2）充分利用航空器噪声环评结果,优化、调整了机场总体规划和周围临空园区规划,使其在消减航空器噪声影响方面切实发挥作用。

（3）认真落实了环评建议和减噪措施。特别是在土地使用规划和对建筑的各种规制上认真对待。例如,在浦东国际机场二期工程中,指挥部根据环评意见,对位于机场西侧、受航空器噪声影响较大的潘泓村、滨海村(含滨海三、四村等)及军民村等分批实施了搬迁,东亭小学、薛洪小学因不适合教学活动而改为他用。

一方面,我们最主要的创新是在浦东国际机场的规划阶段,通过对场址的合理移动和对跑道规划布置的调整来控制航空器噪声的影响,收到了事半功倍的噪声消减效果。例如,考虑地质条件等因素,浦东国际机场一期工程曾经选址在施湾中心地区的望海路一带。但这会使建成后的机场将人口密集的川沙镇、南汇镇以及江镇、施湾、祝桥、合庆、蔡路等置于跑道的南、北两端延长线之下,频繁起降的飞机势必造成严重噪声污染。为此,就要对 5 000 户居民进行动迁,造成严重社会影响。为此,我们就根据环评调整了总体规划,并将场址整体向东侧海边东移 700 m。这样一来,既将机场一期工程完成后的噪声影响最大限度地压向海边,又可以在将来通过填海造地获取机场后续工程的建设用地,还将远期航空器噪声的影响区域集中到了海上(图 2-4),从而比较彻底地解决了航空器噪声影响的问题。

因为浦东国际机场东侧滨江临海,所以就其噪声影响,越靠西侧的跑道,对环境影响越大。因此,减小第一、第三跑道之间的间距和取消第一、第三跑道的南北错位,也就成了降噪的关键措施。1996 年版浦东国际机场总体规划将第一、第三跑道间距确定为 520 m,后来我们就将它调整到了 460 m,向东压缩了 60 m,并将第一、第三跑道原错开 1 200 m 的南端取齐了。这样调整后的第一、第三跑道对机场以外西侧区域的噪声影响区域明显减少。另外,第二、第四跑道具有靠海的优势,因此起飞和进近都可通过飞行程序设计向海上偏移来减少噪声影响。图 2-5 就是浦东国际机场 2011 年噪声影响等值线图。很明显,对于具有三条跑道的大型民用机场来说,其噪声影响范围和人数都是比较小的,噪声影响的消减效果还是比较明显的。这是因为这组国内第一次运用的近距跑道构形发挥了相当大的作用。

另一方面,规划阶段就从机场噪声的源头——航空器本身来控制机场噪声,也是消减噪声影响的重要手段和途径。结合浦东国际机场的区位特点,在实现未来长远发展目标的战略规划中,上海机场集团明确了浦东、虹桥两场的定位、功能与分工,并充分发挥了“一市两场”在环境影响控制方面的优势。根据两场分工,未来更多架次的大型飞机,尤其大型远程客运飞机和所有货运飞机,将在浦东国际机场起降。这样可充分利用滨海的浦东国际机场噪声相

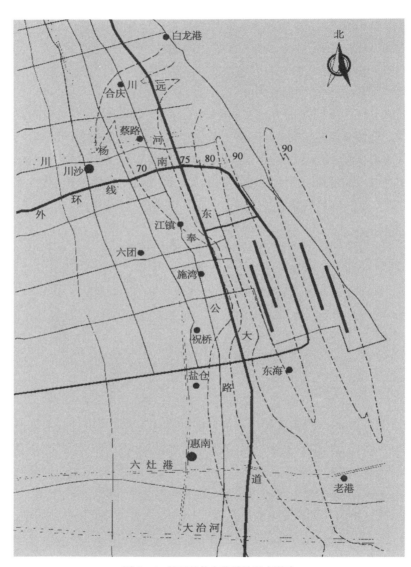

图 2－4 场址整体东移后的噪声影响

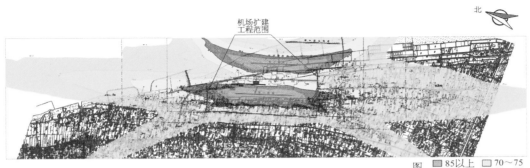

图 2 - 5　浦东国际机场 2011 年噪声等值线图

图例　■ 85以上　■ 80~85　■ 75~80　■ 70~75　■ 65~70

容性好的优势,来容纳噪声相对较大的大型客、货运输机,从而使地处城区腹地的虹桥国际机场主要接纳 C 类飞机,以减少噪声影响。2007 年,浦东国际机场根据国际民用航空公约附件 16(第 1 卷)《环境保护(第 1 卷)——航空器噪声》和我国《航空器型号和适航合格审定噪声规定》(CCAR - 36),禁止噪声超标的俄罗斯飞机进出机场。其他因特殊原因必须进场的飞机,则必须在规定时间采用规定航线。

　　但是,在浦东国际机场二期工程规划设计阶段,我提出的将浦东国际机场的新建货运区调整到东侧(即第四、第五跑道之间)的建议方案没有被采纳,而是规划建设了西货运区,这造成大量货运专机夜间在第一、第三跑道起降,噪声问题就比较令人头疼了。如果我们将货运区和物流园区,集中在第四、第五跑道之间的填海造地形成的土地上,不仅夜间起降为主的货运飞机的噪声对周围环境的影响非常小,而且货运物流园区规划建设在填海造地形成的土地上,还可以不占耕地、不征用周围农民的土地。

16. 港城一体、一波三折

　　对于一个枢纽机场来说,找到一个"环境友好、环境适航"的场址是至关重要的。对"环境友好"的关注,体现了机场的社会责任;对"环境适航"的追求,则体现了机场的行业精神。两者相辅相成,不可偏废。

　　这里所说的"环境友好"是指机场的建设和运营对周围地区自然环境和社会环境的影响最小、公害最少,能够最大限度地实现人与自然的和谐共处。"环境适航"是指机场周围地区非常适合飞机起降和机场运营。具体而言,就是机场的空域、净空、电磁环境、生态环境、气象乃至水文、地质条件和陆侧交通、市政配套等,都适合于航空器活动和客货运输组织,能够保证飞行安全和航空服务所需的地面安全。环境适航直接关系到机场的安全和效率,对于机场的可持续发展是至关重要的。

一个场址要同时保证环境友好与环境适航,难度是很大的。这就要求我们在机场选址与规划阶段就把机场周围地区的社会经济发展一起考虑,以环境友好、环境适航为目标,规划建设一个港城一体化的航空城。

在机场选址初期,我们首先是要充分考虑机场建设运营对周围环境的影响,选一处环境公害最少的地方。但是机场选址一旦确认,建设和运营期间就一定会带来人口与产业的集聚和城市开发活动。如果没有马上编制一个机场周围地区的临空地区控制性详细规划,混乱的开发势必导致机场净空环境、电磁环境、噪声环境、烟雾、鸟害等方面的问题,造成环境不适航。因此,在浦东国际机场选址确定后,我们就积极组织研究、编制了"浦东国际机场地区开发规划"。后来,我们又结合浦东国际机场每一轮新的扩建工程都开展了航空城规划研究和规划文件的修订工作。应该说这些工作对浦东国际机场周围地区的发展还是起到了很好的作用。但是非常遗憾的是,时至今日也没有一个被大家接受的、被政府批准的"浦东国际机场临空地区总体规划",更没有完整的、系统全面的控制性详细规划。浦东国际机场是我国第二大客运机场、第一大货运机场(世界第三大货运机场),并且是首先提出航空城概念的机场,却至今连个法定的航空城规划都没有。这在已经有 60 多个航空城规划、13 个国家级临空经济区的中国大地上,显得非常不可思议。

在浦东国际机场选址与规划初期,我们就开展了"浦东国际机场周围地区综合开发研究",并有了一个机场周围地区的开发规划,还在浦东运河东岸开展了码头的建设。但是由于浦东国际机场公司与浦东新区政府之间,对于浦东国际机场周围地区的开发模式、体制机制等有关航空城规划建设的一系列顶层设计没有形成共识,至今未能形成合力。这也直接导致已经具备世界一流航空货运业务的浦东国际机场,其临空产业的发展和周围地区的开发都远远落后于同类机场,甚至落后于国内一些二线城市的机场。

在 1997 年,市领导做出了一个"以围场河为界,机场负责围场河以内的规划建设,浦东新区负责围场河以外的土地开发"的决定。从此,一条本可以成为浦东机场与浦东新区之间联系纽带的围场河,却成了隔离两者的"柏林墙"。

后来的每届新区政府和机场集团班子,为了移除这种体制机制上的障碍做了大量工作和多次努力,但一波三折,一直都没有能够从根本上解决这个问题。围场河始终都是浦东国际

机场与周围地区实现港城一体化的"生理和心理障碍"。这就成了中国国际旅客量最大的浦东国际机场没有形成像样的商务园区以及航空货运量遥遥领先的浦东国际机场没有发展出相应的物流产业链的原因之一。即使从今天来看，浦东国际机场各主要功能区与临空地区产业链的对接，依然是我们当前和今后很长一段时间里最必要、最艰难、最重要及最紧迫的工作。

浦东国际机场的这一教训，使我深切地感受到了在临空产业链发展中，"设施一体化"和"打通产业链"的重要性。这也成为我在其他机场的规划建设中不断地提醒他们要吸取的经验教训之一。

◇ 本章感言 ◇

如果当年我们接受外国专家的建议，进一步东移场址，将第一、第二跑道移至现在的第四、第五跑道的位置，浦东国际机场对周围地区的噪声影响就将降至最小。当然，一期工程的工期会受到较大影响。

如果我们从一开始就坚持一个科学的航空城规划，浦东国际机场今天就会有一个非常友好的周围环境——环境友好、环境适航，这是浦东国际机场可持续发展的必要条件。

"如果……"没有意义。历史不能假设！

浦东国际机场的选址与最初的总体规划编制过程告诉我们，项目初期的选址与总体规划阶段对环境的考虑，特别是对飞行噪声的考虑是非常重要的，往往还是不可逆的。在这个阶段，一个机场的规划格局就基本形成了，就如同人类基因一样，一旦确定就很难更改。错过了这个时期，许多问题就无法根除，后人就只能是"尽力而为"了。

由于项目的选址主要由机场规划设计人员来做，缺乏城市规划、环境保护和产业经济等方面专家的深度参与，使我们在这一阶段容易留下一些遗憾。因此，在机场选址工作中，有必要在法规和体制上保障城市规划、环境保护和产业经济等方面的专家的有效参与，并形成具有法律效应的规划成果。只有这样，才能使航空城理论的体系更加完美，使机场周围地区的规划建设更加科学，使临空产业的发展更加合理，使机场本身的发展更加可持续。

希望有更多的决策者能够认识到前期工作的重要性！更希望我们的学者和工程技术人员能够为决策提供完整的、系统的科学依据，最好用数据说话！

第 3 章

科学的机场功能定位和运输组织方案，是机场规划建设的上位指导性文件。它会从机场发展和运输组织的角度提出机场设施规划的要求。运输组织模式和具体方案则是机场规划建设的使用需求。

战略规划与运输组织

　　浦东国际机场规划建设之初,我们基本上是为了建设一个机场而做机场的设施规划,对浦东国际机场的功能定位和运输组织的研究是不够的。因此,我们更多的是对国外机场的学习和模仿。浦东国际机场一期工程投运之后,我们就感到这种拿来主义的不足。于是我们组建了发展研究中心,启动了一系列的相关研究。

　　浦东国际机场的规划建设是一项"超越上海、超越航空"的开创性工作,涉及面广、系统性强,需要一个纲领性、综合性的战略规划统筹指导。本着统筹兼顾、突出重点、立足当前、着眼长远的原则,我们首先必须加强对上海航空枢纽战略的研究,必须编制一个"上海航空枢纽战略规划",以指导上海两个机场的规划建设的各项工作,推动上海航空运输业实现跨越式发展。

　　浦东国际机场过去 20 多年的发展,使我们逐步认识到了科学的、明确的、符合市场发展实际的机场功能定位和运输组织方案,对机场规划建设的指导意义是非常重大的,其实也是我们机场规划建设的前提。科学的机场功能定位和运输组织方案是机场规划的上位指导性文件。它会从机场发展和运输组织的角度提出机场设施规划的要求;运输组织模式和具体方案则是机场规划建设的使用需求。

17.《上海航空枢纽战略规划》(2004—2015 年)

　　2004 年,上海机场集团编制完成了第一部《上海航空枢纽战略规划》。该战略规划由"上海航空枢纽战略规划的编制背景""上海航空枢纽建设的基本条件""上海航空枢纽的功能定位和战略目标""上海航空枢纽的实施重点""上海航空枢纽的配套工程""上海航空枢纽建设的政策建议"六个部分组成。该战略规划在全面、细致的背景分析、市场分析、环境分析的基础上,系统地提出了上海航空枢纽的功能定位、运输组织和两场分工,以及实施该战略规划的设施建设要求和具体的方案与措施。该战略规划很好地指导了浦东国际机场二期工程的规

划建设和《浦东国际机场总体规划》的调整和修订,完善了枢纽机场"战略—规划—设计—施工—运营"一体化的发展模式。

一、功能定位

《上海航空枢纽战略规划》根据国家对上海机场的总体定位,结合上海的区域地理位置及市场资源的综合分析,明确提出上海航空枢纽功能定位是:集本地运量集散功能、门户枢纽功能(国内到国际中转、国际到国内中转)、国内中转功能和国际中转功能为一体的大型复合枢纽。

上海航空枢纽的功能定位突出体现为"三个并举",即本地市场与中转市场并举、客运市场和货运市场并举、国内市场和国际市场并举。上海航空枢纽建设将重点培育中转市场,从以本地市场为主过渡到本地与中转兼顾;超常规发展货运,从以偏重客运为主到客货齐头并进;大力拓展国际市场,从国内航线优势为主到国内国际两网并重。

上海航空枢纽的基本功能是"本地集散枢纽"。服务于占最大市场份额的始发—目的地(O-D)旅客,这是由上海所处区域经济地理的特点所决定的。上海航空枢纽建设最大的优势是其核心市场资源,即以长三角为核心的周边地区,该资源不仅使上海航空枢纽在起步阶段具有良好的运量基础和抵御风险的保障,而且也是上海航空枢纽与其他多数枢纽相比最为突出的、保障网络结构质量和保障枢纽营运效益的有利条件。因此,做好做大本地市场和国内市场是建设上海航空枢纽的基本要求。

上海航空枢纽的核心功能是"中国门户枢纽"。上海机场已经成为主要的中国门户机场。目前,占次要市场份额的旅客群体为国内各地与国外通航点之间经由上海进出的旅客,今后该部分旅客仍将占有很大的比例。同时,除了上海国际运量中已经存在上海经停和采取分段购票、登机的中转运量,上海基地航空公司还须加快国内与国际两个网络的有效融合,以充分体现上海作为门户枢纽的功能。

上海航空枢纽的潜在功能将是"国际中转枢纽"和"国内中转枢纽"(图3-1)。上海的国内中转和国际中转潜力巨大,将是今后培育的重点。首先,由于上海位于中国东部沿海经济发达区域的中心,处于东北、华北地区至华东、东南、中南地区的有利中转位置。相对于国际航线网络结构的建设,上海航空枢纽开发国内中转资源目前所面临的政策障碍最小,基地航空公司的实际操作余地也最大。其次,上海航空枢纽具有比亚太地区绝大多数枢纽机场条件更优越的国际中转网络结构条件,虽然当时上海目前在国际—国际(I-I)中转方面相对落后,

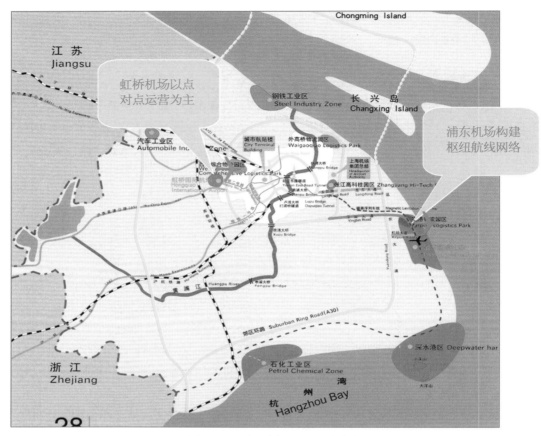

图 3-1 上海航空枢纽的功能和定位

但上海位于连接亚洲与欧洲/非洲、亚洲与北美/南美的有利地理位置,大家相信未来必将成为"大型国际(洲际)航空枢纽"。上海航空枢纽将建成成熟和稳定的、与国内航线网络高度配合与相辅相成的国际航线网络。"大型国际枢纽"意味着上海机场将最终确立在全球航空网络中的重要地位。这将是上海航空枢纽网络结构成熟阶段的主要目标,也是上海枢纽性质完整体现的主要标志。

上海航空枢纽的突出功能是"国际货运枢纽"。上海市及长三角地区在国际国内的重要经济地位,决定了上海机场具有广阔的货运市场资源。上海航空货运的快速发展趋势,决定了建设上海航空枢纽,应优先确立并巩固上海机场在世界和亚洲的货运骨干枢纽地位。

二、一市两场

自浦东国际机场建成投运以来，上海就成为国内第一个拥有两个大型民用国际机场的城市。浦东国际机场按照高起点、高标准的航空枢纽理念规划建设，未来具有较大的发展空间和发展潜力，为上海航空枢纽建设提供了坚实的硬件基础。一市两场、两位一体、合理分工、互为备降，大大加强了上海航空枢纽建设的调节能力和抵御风险的能力，是上海航空枢纽建设的优势和有利条件。同时，浦东机场和虹桥机场还成为上海城市的门户枢纽、面向世界和对接长三角的"窗口"（图3-2），所以也就对两场功能提出了不同的要求。

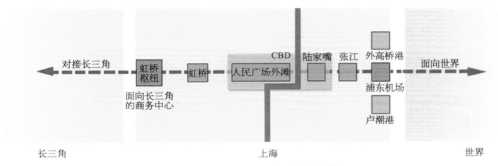

图3-2　上海两场成为城市的门户枢纽

《上海航空枢纽战略规划》提出的两场功能布局的划分原则为：充分考虑"一市两场"运营模式，将两个机场作为一个整体来构建上海航空枢纽。根据上海航空枢纽航线网络结构的整体布局需要分阶段划分，主要通过空中航线网络的调整与融合，最大限度地实现旅客在一个机场内的多种中转，尽可能减少旅客在两场之间的地面中转。在此原则的指导下，两场的基本功能布局为以浦东机场为主构建枢纽航线网络和航班波；虹桥机场在枢纽结构中发挥辅助作用，以点对点运营为主。

浦东机场：近期内形成以国内与国际本地对运市场为基础，国际—国内和国内—国际中转为主、国内—国内中转为辅的航线和运量结构；远期则随着航权的综合使用而逐步增加国际—国际运量的比重。最终成为包括四种中转运量在内的国家级复合型枢纽。

虹桥机场：形成以国内点对点运营为主、国内—国内中转为辅的基本格局。同时，承担城市和地区通用航空（如公务机等）运营机场的功能，并保留国际航班的备降功能。

三、实施计划

《上海航空枢纽战略规划》明确提出了枢纽建设的总体目标是：力争经过若干年努力，构建完善的国内国际航线网络,成为连接世界各地与中国的空中门户,建成亚太地区的核心枢纽,最终成为世界航空网络的重要节点。为实现这一总体目标,《上海航空枢纽战略规划》根据上海航空枢纽建设的功能定位和两场分工,结合上海航空业务量预测,以及2008年北京奥运会和2010年上海世博会的影响,基地航空公司枢纽运营转型的准备情况、机场设施的规划和建设进度,以及国际上其他航空枢纽建设的成功经验,将上海航空枢纽建设分成了"三阶段"(或者说"三步走"),并提出了相应的实现标志。

第一阶段(2005—2007年):准备和起步阶段,打好枢纽建设的基础。主要工作目标为:与上海市场资源相匹配的完整的网络结构基本构建成型,其中重点是国际市场的拓展和国内转国际、国际转国内的中转网络部分建设和成型。实现标志为:2007年浦东机场二期工程基本建成,二期航站楼、二期货运区和第三跑道竣工;部分建成浦东空港物流园区,两场年旅客量达到4 900万人次左右,年货运量达到250万t左右,进入世界货运机场排名前列,基本确立国际货运枢纽地位,基地航空公司网络结构基本成型;基地航空公司建立2~3个质量中上等的航班波。

第二阶段(2007—2010年):调整和提高阶段,基本建成上海航空枢纽。主要工作目标为:首先是提高上海枢纽航线网络结构的质量;其次是拓展网络规模。实现标志为:浦东机场二期工程设施全面投入运营,两场年旅客量达到8 400万人次左右,年货邮吞吐量达到410万t左右,力争建成亚洲最大的货运枢纽;虹桥机场改造扩建工程基本完成,保障2010年上海世博会的峰值运量需求;基地航空公司枢纽航线网络覆盖范围和航班密度接近世界先进枢纽水平,建立起4个高质量的航班波。

第三阶段(2010—2015年):成熟和扩展阶段,全面确立上海航空枢纽地位。主要工作目标为:基地航空公司第六航权网络结构得以完善,并成为上海航空枢纽航线网络结构体系的重要组成部分,同时继续改善上海航空枢纽的各项技术指标。实现标志为:客货吞吐量在亚太地区排名前列,年旅客量达到1亿人次左右,其中虹桥国际机场约3 000万人次,浦东国际机场约7 000万人次,年货邮吞吐量超过700万t,包括四种中转在内的旅客中转比例提高到30%左右;硬件设施条件成熟,浦东国际机场建成四条跑道及保障枢纽运作的客货设施,空中交通管制能力达到世界先进水平;基地航空公司建立5个高质量的航班波,成为亚洲骨干国际航空公司之一,机队规模达到目前的两到三倍左右;以上海为中心的立足国内、辐射亚洲、通往欧美的枢纽航线网络成熟,通航点数量和航班周频超过世界枢纽机场的平均水平;建成以轨道交通为主、公路交通等其他方式为补充的多层次、全方位的机场地面综合交通系统。

18.《上海机场集团新时期企业发展战略》(2014—2030 年)

2004 年完成《上海航空枢纽战略规划》的同时,我们还完成了《上海机场集团企业发展战略》。从报告的名称一看便知,这两份文件是有很大不同的。但在新的一轮战略规划中,上海机场集团尝试着将这两个报告合二为一了。新的报告叫《上海机场集团新时期企业发展战略》(2014—2030 年)。核心内容包括:企业使命与发展思路、发展愿景和实施计划。

企业使命是指企业的社会功能,其具有长期稳定性和包容性。基于上海市对上海机场集团作为功能类企业的定位,上海机场集团将坚持以"成就上海国际航运中心的理想,提供上海乃至中国经济发展的最佳航空保障"为企业的使命。在新时期,上海机场集团将呼应时代要求,承担新责任、发挥新功能。集团的新责任是作为上海市两大机场的管理者,集团将承担上海航空枢纽在全球航空客货运网络结构中的竞争责任;承担提升上海城市功能、服务经济社会发展的社会责任;承担成为国内外同行业最具影响力企业的领先责任。集团的新功能是致力于增强上海航空枢纽对上海国际航运中心全球地位和民航强国建设的支柱功能,提升上海航空枢纽在全球航空货运链中的资源配置功能,充分发挥在长三角机场群发展和机场行业进步中的引领功能。

根据上海机场集团的新责任、新功能,上海机场集团在下一个战略期的工作重心将从以"扩大规模"为主,调整为以"打造品质"为主。2030 年力争实现"品质领先的世界级航空枢纽、超大型机场卓越运营的典范、价值创造能力最强的机场产业集团"的新愿景和新目标。

基于上海机场集团的发展现状,新时期上海机场集团的发展将分为三个阶段,以实现集团的新愿景与新目标(图 3 - 3)。

第一阶段(2014—2020 年):愿景与目标是"打造品质,释放潜力"。本阶段的发展目标又可分为三个方面。一是枢纽建设方面,要力争实现上海机场年旅客吞吐量 1.1 亿～1.2 亿人次,年货邮吞吐量 400 万～440 万 t,确立浦东国际机场大型航空枢纽地位,巩固浦东国际机场货运量全球排名前三位;致力于持续扩展通达全球的航线网络,打造客货复合、空地衔接、两场分工协作的"一市两场"发展新格局。二是卓越运营方面,要致力于实现持续安全、高效运作、人性化服务、绿色环保和智慧化保障,为客户提供世界一流、独具特色的服务体验,两场服务品质进入全球机场排名前十强,持续实现安全年,成为超大型机场运营服务的典范。三是价值创造方面,要致力于打造规模化、专业化、国际化的机场服务产业体系,实现集团总收入和净利润稳步增长,打造 6～8 个国内行业领先的专业经营管理公司,在确保国有资产保值增

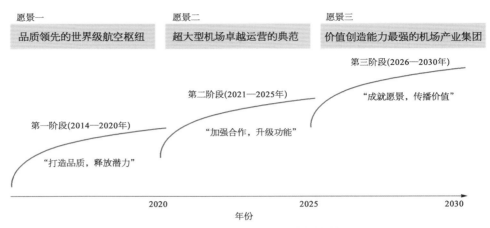

图 3-3　上海机场集团的新愿景与新目标

值的同时,力争成为国际机场行业规模和盈利能力最强的机场产业集团。

本阶段的发展要聚焦航空枢纽建设,提升网络品质;升级机场运营水平,提升服务品质;挖掘现有业务潜力、积极拓展新业务,提升业务品质;推进集团改革发展,提升管理品质。

第二阶段(2021—2025 年):愿景与目标是"加强合作,升级功能"。 本阶段发展目标是上海两场客货总量稳中有升,达到 1.3 亿～1.4 亿人次、500 万～600 万 t;浦东服务品质排名保持全球前五、虹桥国际机场保持前十位;业务板块持续壮大,对外业务输出稳步扩展,2025 年集团收入较 2013 年基本实现翻番;两场航空城建设初具规模,对区域经济发展带动作用明显提升。

第三阶段(2026—2030 年):愿景与目标是"成就愿景,传播价值"。 本阶段的发展目标是集团成员企业航空客货运总量达到 1.5 亿～1.6 亿人次、600 万～800 万 t,建成以浦东、虹桥两机场为主体,差异化、协同发展的世界级机场体系;机场服务品质持续提升;基本建成虹桥、浦东两座航空城,打造上海城市经济的新增长极;成为著名的机场管理集团,拥有机场运营服务、航空货运物流、航空城经营开发、临空产业投资四大业务板块,以及多个知名机场专业运营服务品牌,为更长远发展奠定良好基础。

以上就是《上海机场集团新时期企业发展战略》(2014—2030 年)的要点和精髓。在我看来,这一轮战略规划的最大特点、也是最大问题,就是将上海航空枢纽的战略规划与上海机场集团的战略规划混合在了一起。孰优孰劣、孰长孰短,大家可以各执己见。我个人对此次尝试并不看好。主要问题是降低了枢纽战略的地位、弱化了航空枢纽的技术性、降低了企业战略的可考核性、淡化了枢纽和企业的个性和特征。

无论如何,这一轮战略规划所确立的 15 年发展思路是正确的。即上海机场必须尽快完成从扩张型向内生型的转型、从外向型向内需型的转型、从科技创新型向商业创新型的转型;必须在客货运输、航班运行和产业链延伸、非航业务拓展等领域中真正实现"创新驱动、转型发展";必须通过转型发展尽快建立起中国式大型枢纽机场长期稳定的运营管理模式和中国特色的国有大型枢纽机场运营管理企业的发展模式。

19. 上海航空枢纽的运输组织

在上海航空枢纽的功能定位明确以后,接下来规划和设计了上海航空枢纽运输组织方案(图 3‐4)。该运输组织方案的每一个细节都是要跟航空公司(特别是我们的基地航空公司)的运营策略协调一致,需要一一对应。

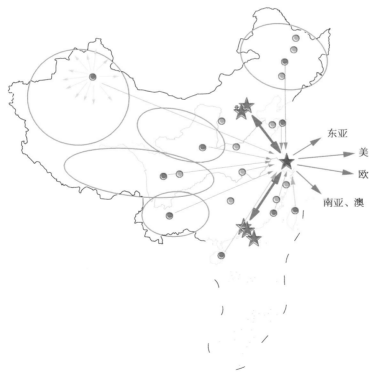

图 3‐4　上海航空枢纽的运输组织

上海航空枢纽的运输组织方案由以下五个方面构成:

一、上海航空枢纽的基本功能是本地集散市场

这个本地市场不仅仅是指上海,理所当然也包括长三角区域的航空市场。长三角区域的航空旅客通过地面高速公路、高速铁路等各种交通方式来到虹桥综合交通枢纽或浦东国际机场乘飞机。远一点的泛长三角区域,还可以通过支线航班组织来上海中转。这就是我们所说的本地市场。

泛长三角地区,包括江浙皖和闽赣鄂湘豫鲁是我们的本地市场,该区域的旅客基本上都是以上海为其旅行的目的地,因此我们把这些旅客运到虹桥综合交通枢纽,这些旅客中的一部分是要去浦东国际机场的,因此需要一条连接浦东国际机场与虹桥国际机场的机场快线,让长三角来的旅客能够快速到达浦东国际机场。最好能够让长三角开来的部分高铁能够直达浦东国际机场。但是这样的机场快线迟迟未能开通,成了上海航空枢纽发展的期待。

二、上海航空枢纽通过点对点航线的运输组织,开通了北京、广州、深圳、西安、成都、沈阳、昆明等地的若干骨干航线

我们不断地增加上海航空枢纽与这些航空枢纽之间的航班密度,努力开出空中快线。

空中快线的组织是非常有意义的。以前上海航空枢纽的一个缺陷就是国内的点多,密度不够。现在虹桥机场把一部分通航点放弃以后,就可以把这些资源拿来提高开通点的航班密度,做成空中快线。我们定义的空中快线就是把每天的航班做到 10 个以上的航线。每天 10 个航班就基本保证了白天工作时间每小时有 1 个航班。每小时 1 个航班基本上就达到了让旅客随到随走的目的。这样就能够把枢纽运作的好处发挥出来,就达到了公交式运营的标准。就像公交巴士一样,旅客来了就能走。这样基地航空公司的客座率就很高,同时这种机场快线都是打折率最低的。大多数的客人都是商务客人,他们对费用不是很敏感,他们在乎的是时间。

这么多年下来,我们在虹桥机场的空中快线获得了比较大的成功,我们的快线就越开越多。现在,虹桥机场已经具备了北京、广州、深圳、西安、香港、青岛、成都、天津、昆明、沈阳、武汉、重庆、郑州、大连、厦门、济南、长沙、哈尔滨、长春、太原、福州、温州等 20 多个快线产品。

这样一来,不仅增强了上海航空枢纽的辐射能力,而且还给上海航空枢纽的运作带来了一个很大的好处,就是我们把主要的商务客人吸引住了,其实这一点对基地航空公司也是同

样有利。上海航空枢纽的终端容量终究是有限的,我们不能够把长三角的航空运输量全部吸引过来。这就要求我们要有取舍,要找准自己的细分市场。因此,上海航空枢纽的发展定位就必定要逐步往高端走,也就是说要把我们的商务客人留住。

前文讲了东航在上海机场的快线组织,实际上国航、南航、海航在上海机场都各自组织了自己的空中快线。而且我们这里讲的快线,主要是从航班频次的角度考虑,并不是严格定义的空中快线。空中快线需要在民航管理局、空管局、航空公司、机场当局的共同配合下,提供一系列的配套政策、资源支持才能形成。但是毫无疑问,快线尤其是精品商务快线将是上海机场航空运输组织的重要发展方向。

三、以枢纽-辐射航线组织较远地区的航空运输

我们希望在西北以西安作为枢纽,在西南以成都、重庆和昆明为枢纽,在东北以沈阳为枢纽,在新疆以乌鲁木齐为枢纽开展枢纽-辐射型的支线运输,形成轮辐式航线结构,然后开通上海到这些枢纽的长线航班。

成都枢纽和重庆枢纽之中,我们的重点在重庆,因为东航的重点也放在重庆,而成都已经是国航的老基地了,东航要打进去没那么简单。东航在西安和昆明的运输组织做得比较好,我们跟西安和昆明机场因此也建立了一系列的联系。东北是南航的市场,本来就不是我们主要的运输市场。但是,现在南航利用浦东国际机场 2 号航站楼,将旅客中转组织得比较好。南航把东北的客人拉到我们这里来,主要有两个目的。一个最主要的目的还是通过浦东国际机场中转到南方去,这一块客人的目的地最多的是海南和广东。还有一个目的,就是让一部分客人到浦东以后换乘国际航班走。这样,实际上是南航就把浦东国际机场 2 号航站楼作为它的枢纽运作基地设施了。

四、上海航空枢纽还有两条黄金航线(即京沪、沪粤超级干线)

这是我们最好的两条空中快线(图中两条蓝颜色的线),就是从上海到京津冀和珠三角,主要是指到首都、天津机场和广州、深圳机场的两条黄金航线。如果再包括香港、澳门、天津、石家庄机场,那就更大了。这两条航线是我们快线里面密度最高的。上海到北京的航班,虹桥机场白天高峰时是 15 分钟一班,这个量已经很大了。我们又通过城际铁路和地面交通,让长三角的客人能够很方便地到达虹桥机场。于是,如果长三角的旅客要去北京,到虹桥机场后随时好走、非常方便。由于京津冀和珠三角区域的旅客,出国会利用首都机场和香港机场,

一般不会到上海来转机,所以我们才将这两条黄金航线都放在了虹桥机场。

现在,京津冀和珠三角的八大机场占了虹桥机场进出港旅客量的一半左右。虹桥机场还有15%左右的国际、地区航线和低成本航空旅客量放在1号航站楼。除此两项之外,就几乎都是空中快线了。这样的旅客量构成对我们虹桥机场的定位是非常有利的。通过这样的运输组织,虹桥机场就变成了一个点对点的、以上海为目的地的、商务旅客为主的机场。

五、上海航空枢纽承担着国家门户枢纽的功能

上海航空枢纽的建设需要我们依托良好的国内网络,大力拓展国际航线,特别是国际长航线。当前,浦东国际机场的东亚航线密度较高,欧洲、北美航线已经得到一段时间的发展。接下来需要我们进一步拓展南亚、东南亚市场,开辟中亚、西亚航线,关注南美、非洲航线。

随着国家改革开放的进一步推进和国民小康水平的不断提高,浦东国际机场的门户功能还会发展得更加强大,这一部分的旅客量也将会有更大的提升。除了航空公司内部和航空联盟内部的国际—国内、国内—国际中转外,我们要联合有关部门大力推动航空公司和航空联盟以外的中转、推动旅客自助中转、旅行社辅助中转,以及空铁、空巴中转等业务的发展。

上述运输组织思想和方案的提出和确认,为浦东国际机场的规划建设提出了非常明确的使用需求。特别是上海航空枢纽战略规划中作为枢纽机场的旅客中转业务集中在浦东国际机场实施,对浦东国际机场的规划建设起到了很好的指导作用。这种把运输组织作为机场规划之前提的工作方法,成就了浦东国际机场的发展,也逐步被业界所接受,成为机场规划师们最关心的问题之一。

20. "多式联运"

我们民航人过去都盯着天上的运输组织,经常会步入"就民航论民航"的误区,往往就会忽视了地面交通的运输组织,甚至认为那是地方政府的事,与我们无关。

1997年,上海市政府决定在静安寺轨道交通2号线附近规划建设城市航站楼。于是,就有了中国第一座城市航站楼。但是,这座城市航站楼运营得并不成功。我们随后又开展了关于远程值机的一系列研究和探索,特别是虹桥综合交通枢纽建成投运后,我们结合"空路联运"、"空铁联运",在长三角的一些城市建设了一批城市航站楼创造出了我们特有的城市航站楼模式。

一般情况下,我们将由两种及两种以上交通方式共同完成的运输过程称为"多式联运"。常见的以机场为核心的多式联运形式有空路联运、空铁联运、空轨联运、空水联运等。

对于浦东国际机场来说,杭嘉湖、苏锡常地区虽然行政隶属关系不同,但同属一个传统的经济区,历史上就是一体化发展的。现在,该地区的城市发展用地已经基本上连为一体了。我们的研究还发现,传统的杭嘉湖、苏锡常地区正好就是我们以上海航空枢纽为中心的"空路联运"服务区。于是,我们就努力在这一区域内的城市,规划建设新概念的城市航站楼。浦东国际机场首先在昆山市内开通运营了城市航站楼。这个航站楼是昆山市政府自己投资建设的。最初,我们想租个地方做个城市航站设施,提供远程值机服务就可以了。但是昆山市政府经过研究,决定自己投资做了一个功能齐全、规模较大的城市航站设施(图 3-5),全方位地为昆山市的航空旅客提供方便,就如同昆山自己有了机场一样。设施建成后,我们先在那里开通了浦东国际机场国际航班的远程值机,随后也开通了虹桥国际机场的远程值机。东航在昆山城市航站楼提供了全方位的服务,得到了比较好的回报。现在昆山的高端客人基本都买东航的机票。旅客一旦在城市航站楼办理了远程值机,东航就会为旅客提供全程的信息服务,就如同在机场航站楼里一样。

图 3-5　上海机场昆山城市航站楼

现在,我们已经在昆山、无锡、嘉兴、太仓、南通等长三角城市开通了城市航站楼。这种位于异地城市的城市航站楼是完全不同于国外的城市航站楼概念的,是上海机场特有的。它与珠三角的城市航站楼也不同,最大的不同之处是我们都在城市航站楼接受旅客托运行李。

在机场服务区域内规划建设城市航站楼,开展远程值机的目标就是要通过城市航站设施、远程值机设施,把机场航站设施的功能延伸出去,城市航站设施本身服务的旅客有多少是次要问题,主要还是为旅客提供了一种服务,同时又拉动了城市航站设施所在地区的经济发展,就是说我们不能仅仅就航空论航空。我们上海航空枢纽的规划的出发点有两句话:一句是"跳出上海看航空";另一句是"跳出航空看航空"。你从另外一个角度来看问题的时候,情况会不一样。

综上所述,城市航站设施的作用和意义在于:它能够提高机场的服务质量和水平;产生了一个虚拟机场;它完善了综合交通体系;体现了公交优先的原则;它促进了临空产业链的延伸;它成了机场公司的非航空收益源之一;建设在航空枢纽城市周边城市的城市航站楼有利于拓展其"一日交通圈"。

因此,城市航站设施和远程值机本身的规划建设还是次要的课题。更有意义的是它提供了一个全新的舞台——"航空产业链的延伸"。速度经济时代的产业特征就是这样,把原来不是它的服务范围、不属于它的细分市场变成了它自己的。时空被压缩了,空间变小了。

如果想把空路联运的服务区进一步扩大,通过地面道路系统来联系就比较困难了。只有通过铁路,机场的服务半径才可以更大。于是,我们就与上海铁路局合作,争取在长三角所有的铁路车站都去提供远程值机服务。现在,我们借长三角城际客专开通的东风,在长三角已经给200多列高铁列车挂上了航班号,沪宁沪杭高铁沿线车站都变成了空铁联运的远程值机点,各高铁车站所在的城市就相当于有了一个机场航站楼(图3-6)。现在的沪宁、沪杭两条交通通道是上海与周边地区联系的主要通道,未来还要规划建设沪湖宣通道和沿海(沪通、沪乍)通道等两个新的交通通道来对接长三角区域。为了让旅客到上海来乘飞机更便捷,为了让商务旅客更高效,浦东国际机场必须在更多的铁路车站提供这种服务。

空铁联运运送了多少旅客量是次要的,更主要的是空铁联运的交通网络建好了以后,所带来的长三角一日交通圈的拓展。远程值机把上海航空枢纽的服务往前推到了长三角各主要城市的高铁车站,使这些城市能够利用上海航空枢纽,将全国和东亚主要城市都纳入了自己的一日交通圈。这就是我们以虹桥综合交通枢纽为核心实施空铁联运的目的。现在,虹桥

图 3 - 6　长三角的"空铁联运"

国际机场前面的铁路车站、交通中心都已投运,如果我们从无票联运、多票联运的角度来看,实际上这个运输组织已经是非常方便了。在虹桥国际机场 2 号航站楼每天 10 万人次左右的旅客吞吐量里面,有 1 万多人次是乘高铁来往的。现在留下的唯一缺憾是联系浦东、虹桥两场的高铁联络线还没有开通。

城市轨道交通与航空的联运是另一个课题。虹桥综合交通枢纽规划了 5 条轨道交通线路,其中的轨道交通 2 号线、10 号线、17 号线已经开通运营。其中,轨道交通 2 号线、10 号线这两条轨道交通线承担了虹桥机场大概 40％左右的旅客集散。浦东国际机场规划有轨道交通 2 号线、21 号线,机场快线,磁浮线 4 条轨道交通线路,其中 2 号线、磁浮线已经开通运营。这些轨道交通的站点都是有可能开展"空轨联运"的。

所谓空轨联运是指利用城市轨道交通车站设置远程值机点,并针对航空旅客进出机场而进行的运输组织。空轨联运的远程值机点通常布置在市中心区、旅馆集中区、交通枢纽,或机场快线上的主要车站及其附近公共设施内。一市多场的城市航站设施最好布置在连接两场的轨道交通线上。所有这些远程值机点,即每一处车站,都可以被看作是一处城市航站设施、一座城市航站楼。

21. "卡车航班"与"虚拟机场"

航空货物的空路联运与航空旅客的空路联运的运输组织方式相似,但其服务范围要远远大于旅客空路联运的半径。说到上海航空枢纽在货运方面的成功,人们马上会想到是因为长三角的货多,这只说对了一半。的确,长三角的货物是比较多。为什么只说对了一半呢? 因为这不能够解释为什么长三角的其他机场没有如此成功。其实,浦东国际机场的货运市场已经覆盖全部中国大陆。

今天,新疆的货运也是我们的市场,是我们用卡车运到浦东国际机场来的。你们相信吗? 是"卡车航班"(即带航班号的卡车,简称"卡航")运过来的,不是飞机运过来的。这些卡车司机,一车两人,居然两天两夜就能从新疆跑到上海来。以前,我们觉得新疆这么远,就想用空空中转的办法把新疆纳入我们的市场,后来我们发现用"卡车航班"运到上海来,不仅比飞机便宜,而且比飞机快。因为公路运输的安全检查等手续比航空运输快捷,卡车航班送到浦东国际机场货运站的货物还可优先处理。这就更快了。一般货物要送上飞机,都要通过一个很长的流程,包括安全检查等环节,最后可以上飞机了,还要等相应的航班,然后再运到浦东。绝大多数情况下,两天之内是很难运到浦东国际机场的,尤其货少、航班少的机场就更慢了。于是我们就努力发展卡车航班。浦东国际机场现在有遍布全国的卡车航班,当然只有很少一部分是自己的车,绝大多数都是跟长途运输公司签订协议。这样一来,就造成了卡车航班的速度比飞机还快的结果。又快又便宜,你还怕没有竞争力! 卡车航班如图 3-7 所示。

浦东国际机场 85% 的货都是进出口的货,货物基本上都是高附加值的,或者是时间敏感的物品。但也常有例外,例如居然有人把家具从上海运到新疆的。浦东国际机场的货物的确来自全中国。在 2010 年,上海的卡车航班就突破了"北京防线"进入了东北三省。在这之前,我们总是过不了山东地界。过了山东就是首都机场的市场了。

"虚拟机场"是航空货物空路联运中的另一个重要概念。浦东国际机场在卡车航班量最大的苏州工业园区设了一个虚拟机场,在那里交货就等于交给了浦东国际机场,非常方便。该虚拟机场设在苏州保税园区机场(三字码: SZV)。这个 SZV 是苏州光复机场的代码。我们利用这个代码,在保税区里面设了一个航空货物的空路联运站。货物一旦进入这个地方,就相当于进入了浦东国际机场的航空运输链,就得全部按照空运的那一套办法进行管理。这样一来,在苏州实际上就相当于有了一个货运机场,相当于航空货物在苏州保税园区内就可

图 3-7 卡车航班

以通过浦东国际机场海关了,进站后的运作就跟在浦东国际机场一样。最后,我们用海关监管的卡车将货物运输到浦东国际机场货运站,就直接上飞机了。苏州虚拟机场(SZV)的空路联运流程如图 3-8 所示。

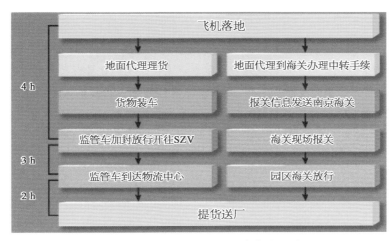

图 3-8 苏州虚拟机场(SZV)的空路联运流程

这样看来,航空货运要做好其实也简单:一是要"便捷";二是要"便宜"。便捷是指从货主发货到客户收货的时间最短,这就要求运输网络中班次频率越高越好,中间层次越少越好。便宜是指货运站、航空公司、货代的成本最低。亦即全物流链要有对"提高效率"和"降低成本"的不懈追求。如果你两条都做到了,就一定能在竞争中取胜。

"卡车航班"、"虚拟机场"的确是我们在浦东国际机场首先使用的,是我们的"专利",但是我们放弃了专利保护要求,无偿地给大家使用了。(参见《浦东国际机场货运站运营管理研究》,上海科学技术出版社 2012 年出版)

22. "一日交通圈"理念的提出与实践

浦东国际机场的集疏运系统是由天上和地面两大网络,以及航站楼与一体化交通中心组成。

过去,我们做交通规划的人常犯两个错误:一是只关心交通设施,而忽视运输组织;二是只关心一种交通方式,而忽视了各种交通方式之间的一体化运营。我们在浦东国际机场 2 号航站楼规划建设的过程中,就将我们的研究重心从"机场设施"转向了"旅客出行"。针对浦东国际机场的陆侧集疏运体系的规划,我们认真研究了航空旅客的出行,从出发地到目的地这样一个完整的过程。对旅客出行链的深入研究,使我们发明了"组合出行"这个新的概念,认识到了拓展旅客"一日交通圈"的重大意义,并在浦东国际机场的规划建设中得到了应用。

所谓"组合出行"是指一次出行使用多种具体方式的旅客出行。所谓"一日交通圈"是指早出晚归、出差一天(16 h)能够覆盖的范围。这里,我给大家讲一个真实的故事。

家住苏州的吴教授在周六早晨 8 点钟后带着夫人和孩子从家里出发来到沪宁城际苏州站,9 点钟已经坐上了去上海的城际列车;9:30 教授一行已经完成在虹桥综合交通枢纽的换乘,坐上了开往市中心的轨道交通 2 号线;10 点钟他们进了上海美术馆,12:30 看完画展后在市中心用午餐,之后教授陪夫人和孩子购物;15:30 左右,教授一行返回苏州,17 点钟他们就到家了。

这就是长三角的一日交通圈。

现在,京沪空中快线还催生了一帮"飞的族",我就是其中之一。我今天早上从家里乘地铁到虹桥机场,然后乘飞机到北京,下飞机后在机场乘出租车到北京出差。单程 4 h 左右的旅行,在北京工作 4 h 左右,然后再原路返回,共用去 12~15 h,还能保证 8 h 的睡眠。这也是一日交通圈,是飞机的一日交通圈(图 3-9)。

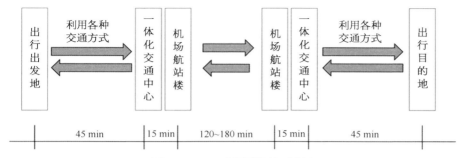

图 3 - 9　"一日交通圈"理念示意图

我们出差都希望一天能够往返。一天往返很重要,因为当你一天能够往返的时候,你就可以省下住旅馆和吃饭的那 1 000 元,省出至少半天的时间,你还不用向太太"请假",这是一个既节省成本又提高工作效率的好事情。一天能够往返的出差和一天不能够往返的出差是完全不同的概念。一天能够往返的区域内,其经济联系的紧密度会很高,其经济一体化的程度会非常高。一个城市的一日交通圈就是这个城市的经济辐射区。所以一天能往返是一个很重要的指标,浦东国际机场和虹桥综合交通枢纽的投运,拓展了上海的一日交通圈,对长三角一体化的贡献是不可估量的。一日交通圈的扩大就是整个经济圈的扩大,是经济联系的强度在提高。

要做到一天往返,单程就要控制在 4 h 之内。但采用不同的交通方式,上海的一日交通圈也是不一样的。如果采用城际铁路,长三角的沪宁、沪杭甬交通轴两侧都进入上海的一日交通圈;如果采用道路运输,传统的杭嘉湖、苏锡常地区就是上海的一日交通圈;如果采用航空运输,全中国和东亚地区都是上海的一日交通圈。

□ 本章感言 □

今天,我们已经欣喜地看到,经过近 20 年的不断努力,"先有战略规划,后做设施规划"已经成为行业内的共识。

战略规划首先是要认真细致地研究市场,搞清楚真实的需求到底是什么、有多大规模,要分析清楚机遇与挑战,从而拟定机场的功能定位。这句话说起来容易,真要做到却是很难、很难的,往往会受到各种因素的干扰,特别是来自"领导人"和利益相关方的干扰,会使我们偏离正确的轨道。因此,我认为"基于市场分析的功能定位"是机场规划、建设、运营成功的关键。

明确了功能定位后,战略规划用以指导机场发展的核心内容就是运输组织。我认为运输组织就是"两网一枢纽",即天上的航空运输网络的组织方案、地上的客货集疏运系统的规划建设,以及连接这两个网络的航站楼和楼前综合交通枢纽。在这一点上,我们在浦东国际机场已经取得了广泛的共识。为上海利用空地两大网络,不断地拓展一日交通圈已经成为大家共同努力的方向和目标。其实,人类在交通上的绝大多数努力就是在不断地拓展一日交通圈。因此,应该在大型枢纽机场的地面集疏运系统规划中,贯彻旅客集疏运以轨道交通等大运量公共交通为主的指导思想,贯彻公交优先的原则。在航空货运物流的集疏运系统的规划建设中,贯彻以高速公路运输为主、以合理布局的各级物流中心为依托的运输组织理念。

为了高水平地实施我们在战略规划中提出的运输组织方案,必须要用创新来驱动。战略规划已经让我们认识到浦东国际机场的发展课题已经不是进一步做大客货运输量的问题。当我们不再关注旅客运输量,而是关注航空枢纽的品质、关注不同细分市场的不同需求和企业回报率的时候,我们就会考虑远程值机和旅客联运这个问题,就会研究帕累托定律了。

在过去的那个战略规划期,浦东国际机场探索了"远程值机"、"多式联运"、"卡车航班"、"虚拟机场"等一系列新理念,已经取得了一些初步成就。未来10～15年,如何进一步促成这些新理念在浦东国际机场的发展是我们面临的课题。现在看来,虽然还存在很多未解的难题,但我们已经找到了钥匙。

第 4 章

融资模式是企业基因形成的核心要素之一。过去,机场建设通常是单一的政府出资。在浦东国际机场我们做了许多投资多元化的尝试,积累了很多的经验教训。投资的多元化同时也带来了管理的社会化和经营的市场化,从而也深刻影响了浦东国际机场的运营管理模式和机场规划。

融资模式与运营管理

　　浦东国际机场自始至终都非常关注机场的融资模式和运营管理模式,从一期工程开始就把投资多元化作为了机场规划建设的重大课题,并做出了证券市场融资(虹桥机场上市)、与国营企业合资(航油公司合资)、引进外资、特许经营等一系列探索的决定,并在一期工程的规划建设和运营管理中得到了实施,且多数实践都取得了不同程度的成功。这些案例大多数都发生在20多年前,是一件非常了不起的事情,即使提倡公私合作(public-private partnership, PPP)和"混改"的今天,给大家介绍这些案例,依然是令人兴奋的、可资借鉴的、可以用来解放思想的。

　　不同的融资模式形成不同的股东群和不同的董事会,必然带来不同的公司治理结构和运营管理模式。我们规划建设的硬件设施和信息系统都是为机场运营管理服务的,都是这些运营管理活动所需的平台。因此,我们必须在规划设计之前弄清楚你所面对的这个机场的运营管理需求,为未来的机场运营管理搭建最合适的"舞台"。这是很重要的!如果舞台搭得不好或搭错了,戏就很难演好了,就如同在T形舞台上演不好京剧一样。但是,真正的难点还不是运营管理需求,而是难在这些需求本身还是一个与时俱进、不断变化提升的过程。这个对机场规划设计的影响将更加深远。

23. "三化"理念贯彻始终

　　20多年前,在浦东国际机场规划建设的初期,我们就确立了"投资多元化、管理社会化、经营市场化"的"三化"原则。20多年来,浦东国际机场始终坚持这一原则,已经探索出了一条机场可持续发展的道路,是可以供大家作为案例来剖析和研究的。

　　浦东国际机场一期工程的土地主要是从农民那里征来的,这些土地均通过"划拨"方式转入上海机场(集团)有限公司名下,其征地费用和土地相关税费均作为上海市国有资产监督管理委员会(以下简称"国资委")的资本金注入上海机场(集团)有限公司。实际上就是浦东国际机场一期工程所用的近12 km² 土地是国资委作为资本金提供的。这就是我们的第一个资

金来源。除了这些土地,政府就没有再给机场集团公司钱了。第二个资金来源就是虹桥国际机场股份有限公司通过上市融来的约 20 亿元。第三个资金来源就是贷款,包括日本政府贷款约 300 亿日元,国家开发银行和浦东发展银行提供的贷款,以及少量法国政府的贷款等。

浦东国际机场一期工程总投资约 100 亿元,需要建设跑道、滑行道、机坪、航站楼、停车楼、集疏运道路、货运站、航空食品、消防设施,以及各种配套服务设施约 126 个子项工程(图 4 - 2)。有了上述三大资金来源,我们就可以开工建设了。但是对投资多元化的追求,我们没有停止过。

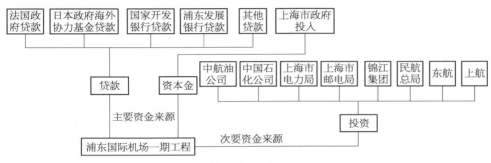

图 4 - 1　浦东国际机场一期工程融资结构

我们从 20 世纪 90 年代初开始,就一直在不断地探索投资多元化课题。浦东国际机场一期工程的融资结构就已经非常多元化了,已经有了一批今天我们所说的 PPP 项目。这些项目包括:航空油料项目、汽车加油站项目、变电站项目、通讯项目、宾馆项目、空管项目、航空公司基地项目等。

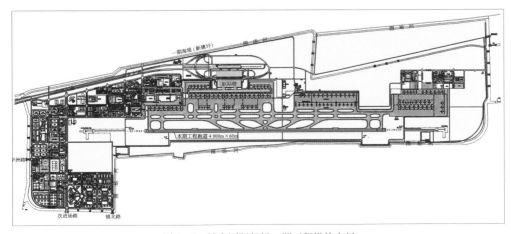

图 4 - 2　浦东国际机场一期工程设施布局

　　需要说明一下的是,图4-1中没有出现股份公司,浦东国际机场一期工程是以上海机场(集团)有限公司作为唯一的投资方出面投资、建设的。这样做有三个目的:一是为了便于政府划拨土地给浦东国际机场建设使用;二是为了便于得到各级政府的资金支持和政策支持;三是为了便于工程可行性研究报告的审批。

　　虹桥国际机场股份有限公司通过上市融来的钱,用于购买建成后的浦东国际机场一期工程的部分设施主要是飞行区场道设施和航站楼、停车库等,亦即由机场集团公司卖给股份公司。当然,卖什么、怎么卖、何时卖也是很有技巧的啦!

　　航空油料项目是我们最早探索多元化投资的案例。1996年时,我们发现位于黄浦江边的中国石油化工集团公司的部分码头和油库长期闲置(图4-3),于是我们就与他们商量合资合作,规划建设一条输油管线连接该码头桑德油库和浦东国际机场的使用油库,让高桥油库成为浦东国际机场的中转油库。后来由于航空油料专营的原因,我们又引进了中国航空油料集团有限公司作为股东,组建了合资的浦东国际机场航空油料有限公司(4:3:3的股比构

图4-3　高桥石化的码头和油库

成,机场方为大股东)。这是大型民航枢纽机场在航空油料领域的首创!

多元化的投资结构带来了全新的浦东国际机场航空油料有限公司的治理结构和运营管理模式,给我们的规划设计提出了完全不同于传统的运营需求。随着后续多个采取了多元化投融资模式的项目的开展(这些项目包括航空油料项目、汽车加油站项目、变电站项目、通信项目、宾馆项目、空管项目、航空公司基地项目、浦发银行办公楼项目、邮政楼项目等),我们又不得不对浦东国际机场的规划总图进行了一轮又一轮的修订。

融资问题往往都是在机场新建、大规模扩建之时才被谈及,其实融资策划不仅要解决工程建设的资金问题,更重要的是要解决工程建设完成后公司的可持续发展问题,即对公司治理的顶层设计。一方面,机场融资的目的是通过各种融资方案,实现机场集团公司从已有的机场的经营权或所有权中退出。这就决定了投资多元化、管理社会化、经营市场化是机场集团资产经营中的基本原则。另一方面,我们所说的机场融资,看重的是通过项目融资和公司融资,找到战略合作者、开拓新的市场、改进我们的公司治理。因此,在我们所说的机场融资中,资金筹集只是问题的表象,问题的实质是关于未来公司的所有权、经营权的一系列体制、机制层面的顶层设计。

需要强调的是:投资多元化是一切的前提,是公司健康发展的起点。而管理社会化和经营市场化则是投资多元化后对公司经营管理活动的必然要求。浦东国际机场在过去的20年中,全面推进了非核心业务运营管理的社会化,彻底完成了商业服务的市场化,并利用每一次的改扩建消化了过剩的人力资源,保证了企业稳定和员工就业。今天,浦东国际机场已经没有一家商店、餐饮,以及其他经营性设施是我们自己经营的;以物业管理、绿化景观维护、市政公用设施运维,以及能源供给等为代表的相关业务,也都交给了社会上的专业服务商。

其实,管理社会化和经营市场化就是社会资本对机场设施经营权的参与,同时也是机场集团公司所代表的国资委对国有资产经营权的适度退让。实现了管理社会化和经营市场化的机场,对于基础设施和系统平台的规划设计要求就会发生翻天覆地的变化。一个典型的表现就是生产辅助设施减少,特别是办公、休息空间的需求降低。

总之,融资模式会决定公司的治理结构和运营管理模式,从而也将深刻地影响机场的规划设计。

24. "区分策划"理论与实践

我国除了一部分赢利的机场之外,还有很多机场由于各种历史的、环境的原因,不能做到整体赢利。这就需要我们做进一步精细的工作,即对机场设施进行拆分、组合,从而找到新的、更大的融资舞台。在浦东国际机场我们创立了"区分策划"的理论,并在20多年的发展过程中得到了不断地实践、不断地完善。现在,这一理论在民航行业、交通运输行业内,已经得到广泛的传播和运用。

任何一个机场都是由许多个不同的设施构成的。通过对这些设施自身的"可经营性"和"可拆分性"进行区分,我们可以将它们分为:不可经营、不可拆分的设施;不可经营、可拆分的设施;可经营、不可拆分的设施;可经营 、可拆分的设施等四类设施(图4-4)。

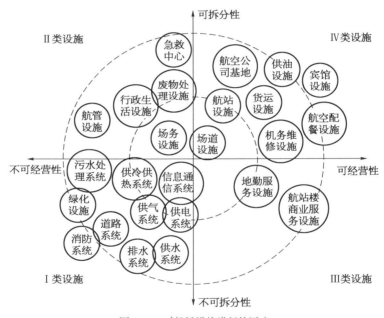

图4-4　对机场设施进行的区分

可拆分性是指根据设施的物理、功能和运行特点,对设施进行区分。对于物理上存在边界、具备独立功能、能够独立运行的设施,称为可拆分的设施;其他的则称为不可拆分的设施(表4-1)。

可经营性是对上述机场设施群中各单体设施盈利能力的描述。通常,我们把非经营性项目定义为 $K=0$;把纯经营性项目定义为 $K=1$;把准经营性项目定义为 $K<1$;把高回报的纯经营性项目定义为 $K>1$。据此,我们还可以根据设施的可经营性,对机场项目进行分类(表4-2)。

表 4-1　按可拆分性对机场设施的区分

类　别		设　施
不可拆分的设施	配套设施	信息通信系统、供电系统、绿化工程、供冷供热系统、供气系统、邮电通信系统、消防系统、污水处理系统、排水系统、供水系统、道路桥梁等
可拆分的设施	场道设施	场道设施、附属设施、站坪机位、助航灯光等
	航站设施	旅客候机楼、特种设备、停车场、站坪调度中心、地铁设施等
	货运设施	货运站、货运业务楼等
	航空公司基地	机务维修、行政办公、仓储设施等
	供油工程	油库、站坪加油系统、航空加油站等
	航管设施	航管楼、塔台、雷达工程、雷达终端系统等
	航空配餐	航空配餐设施
	宾馆设施	宾馆设施
	机务维修	机务维修设施
	其他配套设施	急救中心、场务设施、行政生活设施、废物处理设施等

表 4-2　按可经营性对机场设施的区分

类　别		设　施
可经营性项目	$K=1$ 和 $K>1$ 的纯经营性项目	货运设施：货运站、货运业务楼等
		宾馆设施：宾馆设施
		航空配餐：航空配餐设施
		供油工程：油库、站坪加油系统、航空加油站等
		机务维修：机务维修设施
		航站设施：旅客候机楼、特种设备、停车场、站坪调度中心、地铁设施等
		航空公司基地：机务维修、行政办公、仓储设施等
	$K<1$ 的准经营性项目	场道设施：场道设施、附属设施、站坪机位、助航灯光等
不可经营性项目	$K=0$ 的非经营性项目	航管设施：航管楼、塔台、雷达工程、雷达终端系统等
		配套设施：供电系统、绿化工程、供冷供热系统、供气系统、邮电通信系统、消防站、急救中心、污水处理系统、排水系统、供水系统、场务设施、道路桥梁、行政生活设施、废物处理设施等

由于机场属于基础设施,具有多重经济性:

一方面,除了机场整体具有正外部性外,机场内部不同功能区域的设施经营性的差异比较大。机场跑道、滑行道、围界、安全监控等设施,其收益性远没有航站区的高,具有明显的公益性特点,起降服务收入往往不能弥补初始投资的折旧、运行、维护费用等成本,但这些设施是机场不可或缺的核心设施。航站楼则是经营性很强的优质资产,通过开展商业、餐饮和广告等服务,可取得良好的经济收益。同时,机场由于其特殊的地理位置和稳定的客货流,还可以带动周边产业的发展,提升周边区域的土地价值,获得良好的投资收益。

另一方面,从具体经营项目来看,不同经营项目在不同的客货流量的情况下,经济收益性是不同的。如果完全由市场来提供,机场公益性设施、基础性服务和项目就会出现没有投资、没人服务和没人运营的情况。而从机场角度来看,随着航空客货流量的增长,这些项目产生了外部经济效益,并外溢到商业、餐饮和广告等资产和服务项目中去。

我们采用这样的方法来区分这些设施的目的是拓宽融资渠道,保证机场服务的有效供给,提高服务水平,优化资源配置。当然,这种划分也不是绝对的,在项目具体经营管理过程中,也要特别注意考虑规模经济性问题,可以将一些具有共同运行特点或业务联系紧密的,具有不同经营性的设施"捆绑"经营。上海机场的上市资产群,就是利用机场资产的可拆分性,通过对部分资产的可经营性的分析,以适度赢利为目标做出的资产组合。正是基于我们对机场设施的这种"可拆分性"和"可经营性"的区分研究,为上市公司的成长性和吸引力提供了一个可靠的预测,为投资者消除了误判,为上市扫清了障碍。

当然,区分的好处还远不止这些,它可以广泛地运用于机场项目的投融资、规划建设和运营管理。(参见《重大基础设施建设项目策划》,上海科学技术出版社2010年出版)

25. 资产置换让浦东国际机场成功上市

为了让虹桥国际机场公司上市,我们对资产进行了重组。首先将机场资产分成了两部分:一部分是航站楼及国际贸易、广告、实业、航空服务、餐厅、安检、医疗、消防等部门的资产,即部分优质资产(即经营性设施)组合上市;另一部分主要包括职工住宅、学校、托儿所、培训中心、公安分局等单位,以及维修管理、飞行区、场内道路、绿化等设施。1998年2月,上海虹桥国际机场股份公司(以下简称"股份公司",股票代码:600009)上市,募集得到资金19亿元。这部分资金以两种方式投入浦东国际机场的建设:购买浦东机场的经营性项目;直接投

资建设浦东国际机场的经营设施。

　　上海虹桥国际机场股份有限公司自上市之后,就被上海机场集团作为其做大做强的融资平台,频繁地开展了资本运作和市场化融资工作(图 4-5)。通过多次上市融资、股权转让、可转换债券、机场债等融资,加上股份公司的利润留成,为上海机场的新建、扩建和改造等提供了资金,同时也带来了股份公司资产和机场集团公司资产的不断扩大。1998 年,上市前的虹桥国际机场相应资产为 10.56 亿元;1998 年,上市后资产为 35.12 亿元。2004 年,股份公司进行资产重组,资产全部置换为以浦东机场为主的设施组合,并改名为"上海国际机场股份有限公司"。截至 2014 年底,上市公司总资产达 230.15 亿元(图 4-6)。

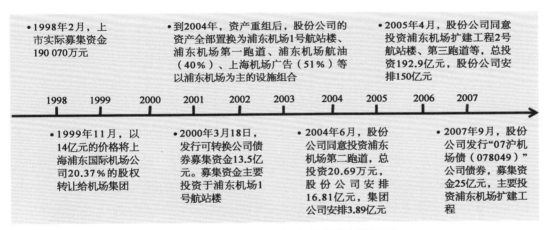

图 4-5　上海机场集团以股份公司在证券市场的融资

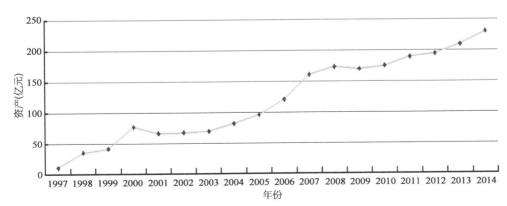

图 4-6　上海国际机场股份公司的资产增值过程

2004 年,我们做了一次资产重组,我们将股份公司的资产全部置换到了浦东国际机场。置换后的股份公司资产为浦东国际机场 1 号航站楼、第一跑道、浦东机场航油、上海机场广告等浦东国际机场的主业资产(图 4 - 7)。从此,在浦东国际机场形成了比较完整的机场资产。

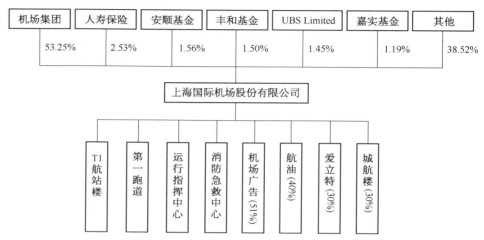

机场集团	人寿保险	安顺基金	丰和基金	UBS Limited	嘉实基金	其他
53.25%	2.53%	1.56%	1.50%	1.45%	1.19%	38.52%

上海国际机场股份有限公司

T1航站楼 / 第一跑道 / 运行指挥中心 / 消防急救中心 / 机场广告(51%) / 航油(40%) / 爱立特(30%) / 城航楼(30%)

图 4 - 7　上海国际机场股份有限公司的股东构成与资产结构(2004 年)

机场集团的经营性资产,往往都是"唐僧肉",伸手的人会很多,一不小心就会弄得产权关系非常复杂。因此,首先就是要尽早隔离机场的经营性资产,整理所有机场资产的产权关系,要做到产权明晰、证照齐全。接下来,我们要做的就是对部分机场经营性资产,按照机场集团的发展战略进行股份制改造,或者像西安咸阳机场和杭州萧山机场那样引入战略投资者,或者像厦门机场、深圳机场、上海机场那样包装上市。说实话,我是比较主张机场这样的公共基础设施走上市这条路的,因为上市公司才是真正的公众公司。特别是机场主业资产上市,国资相对控股,既有利于面向社会融资,又可以保障机场作为公共基础设施必需的公益性和前瞻性需求的实施,避免市场资本的极端逐利性问题。当然,对于不同的机场集团来说,其面临的现实环境会有巨大差异,需要各自因地制宜地选择是引进战略投资者,还是将公司上市。

无论是引进战略投资者,还是走上市之路,机场集团都应该让其股份公司成为主业经营者的同时,也成为集团的融资平台。首先,我们应该将机场的主业资产,即航站楼和飞行区场道设施(可先不含土地)放入股份公司。然后,可以根据股份公司的经营情况和财务条件,逐步购入主业资产和相关经营性资产,使股份公司做大做强。股份公司要成为机场扩建和机场

集团发展的主要融资平台。一个强大的股份公司是机场集团的核心战斗力所在,就如一支庞大舰队中的航空母舰。千万不可杀鸡取卵!

由于机场的建设运营总是需要占用大量的土地,这会在股份公司建立的初期对股份公司形成了巨大的压力。因此,在股份公司成立初期,我们将土地资产暂留在集团公司,然后租借给股份公司使用。虽然留下了"关联交易"的问题,由于我们足够谨慎,还是处理得比较好的。随后,我们根据股份公司的经营情况和集团公司资金需求,正逐步将相关土地转入股份公司名下。

股份公司一旦成立,就是一个按现代企业制度治理的公司,就应该到市场的大海里去游泳,不要怕被淹死。既然它从一开始就已经实现了投资的多元化,那么就一定要让它走上管理社会化和经营市场化的道路。在浦东国际机场,除了运行指挥、消防、安检等机场的核心业务以外,机场物业管理、旅客服务、医疗急救、能源保障、各种运行机电信息系统的维护、供电供水排污等,都全面推进了社会化管理。对于与机场业务相关和不相关的商务、商业、服务、广告、常旅客业务等,更是通过市场竞争的办法找到了市场上最合适的经营主体来经营管理,达到了机场效益最大化的目的。

同时,为维护公平竞争、保护公共利益和防范垄断,民航局、地方政府和机场集团应该对持有自然垄断性资源的股份公司制定明确的运营规范。这主要是为公益性在机场运营中的体现制定各种管理制度,管制的重心是安全与服务质量的设定、公平竞争环境的维护,以及对垄断利益的抑制。

26. 浦东国际机场货运站有限公司模式的诞生与拓展

项目公司的组建都应该遵循"投资多元化、管理社会化、经营市场化"的原则。而这三化的核心就是投资多元化,也就是项目管理最初期与谁合资合作的问题。机场处于临空产业链的龙头地位,可能的合资合作模式是非常多的。在单一的公共投资和私人投资之间,有一个非常大的舞台,存在各种各样的合资合作模式可供我们选择。因此,我们首先要弄清楚我们应该寻找一个什么样的合作者。我们也许需要的是战略、战术上的合作方来入股,给我们带来市场和未来发展的方向;我们也许是需要业内老大来入股,给我们带来经营管理的经验和人才;我们也许还需要资金来投资入股,给我们带来启动资金和财务保障。这需要我们认真研究项目全生命周期的需求、其所处的市场环境、潜在股东各方的优劣势,以及我们对项目的定位,最终选择出对各自项目公司发展最有利的模式。没有最好的,只有最适合的!

　　所有公私之间合资合作的模式都是为了在保障公益性的同时,能够通过全部或部分经营权和所有权的转移,提高项目公司在市场中运营的效率和效益。因此,公私合资合作(PPP)的实质,就是看机场集团是否将国有资产的经营权或所有权,向项目公司进行了转移。这既是评判合资合作的项目公司今后发展价值的最主要依据,也是观察该机场集团真改革、还是假改革的最关键指标。

　　公私合资合作(PPP)模式很多,并且还在不断地推陈出新,但是总体上我们可以将它们分为三大类,即外包类、特许经营类和私有化类(图4-8)。浦东国际机场货运站有限公司(Shanghai Pudong Int'l Airport Cargo Terminal Co., Ltd., PACTL)就是特许经营的经典案例。

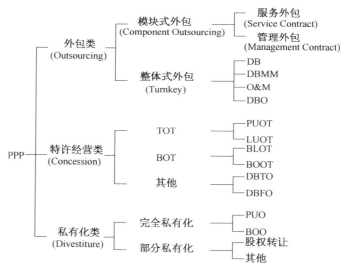

图4-8　公私合资合作(PPP)模式的分类

　　浦东国际机场一期工程之前,我们在虹桥国际机场的货运站经营管理得一塌糊涂,长期亏损、人心思离。这样的境况也带来了一个好处,那就是人人赞成改革。所以,我们大尺度的改革方案很快获得通过。我们看到一个新型的合资企业在上海的东方徐徐升起。

　　PACTL是由上海机场(集团)有限公司(51%)、德国汉莎货运航空公司(29%)和上海锦海捷亚国际货运有限公司(20%)共同投资设立的。该项目公司用41 495万元一次性租赁上海机场集团所有的货运站设施 20 年,负责经营机场一期货运站(该货运设施总投资亦为41 495 万元),其融资模式如图 4 - 9 所示。

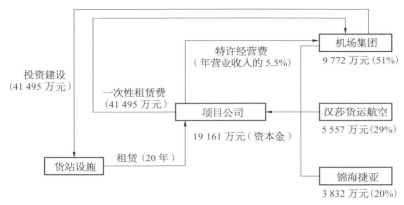

图 4 - 9 浦东国际机场货运站有限公司融资模式

截至 2006 年底,PACTL 已有总资产 11.7 亿元,2006 年全年处理 97.7 万 t 货物(其中国际货 95.2 万 t、国内货 2.5 万 t),实现主营业务收入 10.1 亿元,净利润 6.3 亿元。今天,上海浦东国际机场货运站有限公司已经成为世界上屈指可数的优秀航空货运站,自公司成立以来 16 年时间,共给上海机场集团缴纳了超过 30 亿元的股东红利,成为上海机场集团最优秀的投资公司,没有之一。在过去的近 20 年中,上海浦东国际机场货运站有限公司无论是在经济效益,还是在社会效益方面都为上海机场集团、为上海市做出了巨大贡献。如今,上海浦东国际机场货运站有限公司已经成为航空货运行业的典范,也是上海机场集团的一张亮丽名片。

随着浦东国际机场二期工程的建设,浦东国际机场西货运区形成。上海机场集团又通过PACTL 投资建设了上海浦东国际机场西区公共货运站有限公司(PACTL WEST)。PACTL WEST 位于拥有 38 个货机停机位的浦东国际机场西货运区最北端,毗邻浦东机场第三跑道西侧,总占地面积约 36.51 万 m²,年设计货物处理能力 120 万 t。货站周边已规划建设包括自贸区、物流园区、转运中心、代理海关监管库及海关报关中心和检验检疫等一系列配套设施。

PACTL WEST 由上海浦东国际机场货运站有限公司(占 56% 股份)、中国国际航空股份有限公司(占 39% 股份)、新鸿基北京物流发展有限公司(占 5% 股份)投资组建,总投资 33 亿元。西区公共货站自 2008 年 12 月 1 日起正式投入运营,并由 PACTL WEST 委托 PACTL 负责经营管理。浦东国际机场西区公共货运站有限公司融资模式如图 4 - 10 所示。

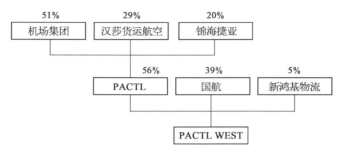

图 4 - 10 浦东国际机场西区公共货运站有限公司融资模式

对机场当局来说,通过 PACTL 投资 PACTL WEST 不仅保证了货运专业业务的扩展延续,还达到了以最小投入控股机场西区公共货站的目的。

在 PACTL 之后,上海机场集团旗下的宾馆、机务公司、公务机公司、加油站等项目公司都采取了相同或相近的模式,影响深远! 同样也对中国民航机场的发展产生了很大的影响。

27. 区域化管理与专业化支撑

2004 年,在吴念祖董事长的统一指挥和强力推进下,浦东国际机场的运营人——上海国际机场股份公司的治理结构和运营管理模式在浦东国际机场二期扩建工程建设期间做了一次重大变革。第一是将虹桥国际机场的上市资产全部置换到了浦东国际机场,使上海国际机场股份公司的机场运营业务链基本完整了。第二是上海国际机场股份公司进一步从证券市场融资,投入浦东国际机场二期扩建工程。第三是结合扩建工程的规划建设,对股份公司的运营管理理念和体制也做了大幅度的改革,贯彻了新董事会新的治理思想。

关于运营管理理念和体制,主要做了以下四个方面的工作,这些工作的成果也就成了机场规划设计的依据和使用需求。

一、通过区域化管理,实现责权利统一

所谓区域化管理,就是将机场的运营管理在物理上划分为飞行区、航站区、外场三个不同的区域,并对其各自的管理部门承担什么责任、具有什么指挥权力作出了非常明确的界定。各区域管理部门承担的工作都是可以通过社会化、市场化的办法外包的。这样一来,管理主体和服务机构的关系就非常明确了。因此,区域管理部门应该叫"管理部"。

二、通过专业化支撑,实现整体效益提升

所谓专业化的支撑,是指机场必备的安检、消防、机电和能源四个支撑保障机构,以及航空服务公司和商业服务公司。这六大公司通过专业化的服务来支撑三个区域的管理部的工作。当然,这些提供专业化服务的公司不仅仅可以支撑这一个机场,它有了强大的专业服务能力以后,还可以通过市场竞争到其他机场去提供服务。这些公司强大以后就是一艘艘的护卫舰和驱逐舰,而不再是机场股份公司这艘大船上的一个零件。这样一来,我们就会从一艘"大船"变成一支"舰队"。大家知道,一支舰队跟一艘航母比,舰队不仅仅是作战能力大大提高了,更重要的是它自身也更加安全了。浦东国际机场的"区域化管理"与"专业化支撑"如图4-11所示。

图 4 - 11   浦东国际机场的"区域化管理"与"专业化支撑"

三、通过管理角色转换,实现客户化导向

区域化管理与专业化支撑并不是目的,我们的目的是通过区域化管理与专业化支撑来实现机场从经营角色向管理角色的变换,实现客户化导向,把机场的服务做得更好。从图4-11可以看得很清楚,飞行区服务对象主要是航空公司,航站区服务对象主要是旅客,场区服务对象是所有驻场单位。这样一来,我们机场的市场定位就非常清楚了。在这种以客户为导向的经营管理理念下,市场管理部门就是必需的了。我们机场是提供服务的,三大管理部门的服务对象非常清楚。服务对象明确后,我们再通过社会化、市场化的方式来提供服务,服务水平自然也就提高了。浦东国际机场"以客户为导向的经营管理理念"如图4-12所示。

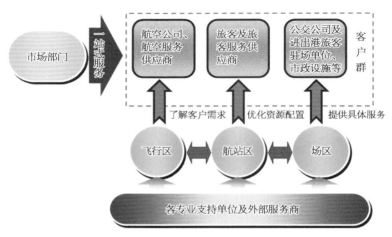

图 4 - 12 浦东国际机场"以客户为导向的经营管理理念"

四、通过构建运营指挥平台,实现有序高效运行,实现统一指挥

建立了上述运营管理架构以后,首先要强调的就是要统一指挥。于是,我们就需要一个高效、便捷的运营指挥平台(图 4 - 13)。机场最高运营管理的指挥平台就是机场的指挥中心,机场的指挥中心要对机场所有的重大事件进行处理,特别是发生紧急事件、发生生产或安全事故以后要进行处理。平时,大量的工作都是在飞行区管理部、航站区管理部和外场管理部三个部门和公安等相关机构展开的。于是,我们就组建了飞行区运行管理中心(airside operation center, AOC)[与机场运行指挥中心(airport operation center, AOC)合署办公]、航站楼运行管理中心(terminal operation center, TOC)、场区管理中心(outside management center, OMC)、交通信息中心(traffic information center, TIC)、公安指挥中心(policy commanding center, PCC)。建立了这些中心以后,实际上我们就完成了一个新的运营管理架构,建立起了"分区管理、专业支撑、服务导向、统一指挥"的浦东国际机场运营管理模式,从而达到了"市场导向、高效运行、统一指挥"的目的。

上述这些变革在我看来是非常伟大的!如果说浦东国际机场一期工程期间,我们在技术层面上完成了浦东国际机场空间规划和设施布局是完成了计算机的硬件装备,那么浦东国际机场二期工程期间,我们则是给浦东国际机场这台计算机安装了软件(即操作系统和应用程序)。同时,我们还根据应用程序的要求对硬件设施进行了改造和扩建。

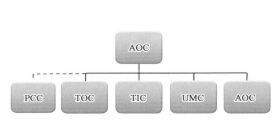

图 4 - 13　浦东国际机场的运营指挥平台系统

28. 营造健康的市场竞争环境

在浦东国际机场规划建设的初期,我们就学习新加坡机场、香港机场的经验,确立了"在浦东国际机场最大限度地营造健康的市场竞争环境"的原则。具体而言,就是"在浦东国际机场为航空公司、旅客、各类驻场单位提供的各种服务时,机场当局都必须提供最低限度的可选择性",亦即提供 2~3 个同类服务单位。例如,两家以上的地面服务代理商、两家以上的机务维修、两家以上的航空食品厂、两家以上的航空煤油供应商等。

这个原则,说说容易,做起来是非常难的。放在桌面上大家都赞成,具体实施中往往反对者众多。其实,资本总是在不断地扩张中追求垄断的,而垄断一定会带来服务质量的降低和社会成本的提高。因此,机场当局应该代表政府在机场地区营造健康的市场竞争环境。于是,机场集团主动介入,在浦东国际机场规划建设初期就引进了多家服务商:

(1) 上海机场(集团)有限公司与德国汉莎货运航空公司、上海锦海捷亚国际货运有限公司,合资组建了"浦东国际机场货运站有限公司"。

(2) 上海机场(集团)有限公司与瑞士佳美国际集团组建了"浦东国际机场航空食品配餐有限公司"。

(3) 上海机场(集团)有限公司与美国波音公司、上海航空公司组建了"浦东国际机场机务维修有限公司"。

(4) 上海机场(集团)有限公司与中国石油化工集团公司、中国航空油料集团有限公司组建了"浦东国际机场航空油料有限公司"。

(5) 上海机场(集团)有限公司与上海国际机场股份有限公司、中国国际航空股份有限公司、香港机场地勤服务有限公司组建了"上海国际机场地面服务有限公司"等。

再加上基地航空公司为大家提供的货运物流、航空食品、地面服务、机务维修等,我们在浦东国际机场就为在浦东国际机场运营的各航空公司提供了两个以上可供选择的服务产品,保障了各航空公司在浦东国际机场有一个公平竞争的市场环境。

最后,上海机场(集团)有限公司全面退出商业零售、餐饮和技术含量低的旅客服务和物业管理。所有这些商业、服务的供应商,全部通过招投标进入浦东国际机场的市场,并坚持"同类商品不少于两家"的原则。同时,与招投标过程一道建立起了一套完整的"准入、退出和过程考核的机制",引入了一大批国际国内的大品牌,从而也提高了服务水平。

过去20年,我们在浦东国际机场基本上完成了从直接经营型向管理型机场公司转变的历史使命。浦东国际机场基本上做到了"管理社会化、经营市场化"的改革目标(虽然还不彻底、不完善)。

未来20年,我们还要在浦东国际机场坚定不移地继续"营造健康的市场竞争环境",维持机场范围内的市场适度竞争。

◇ 本章感言 ◇

投资多元化是一切的前提,是公司健康发展的起点。管理社会化和经营市场化则是公司投资多元化后,对经营管理活动的必然要求。其实,管理社会化和经营市场化就是社会资本对机场设施经营权的参与,同时也是机场集团公司所代表的国资委对国有资产经营权的适度退让。实现了管理社会化和经营市场化的机场,对其基础设施和系统平台的规划设计的要求就会发生翻天覆地的变化。因此,我们的结论是:融资模式会决定公司的治理结构和运营管理模式,从而深刻地影响机场的规划设计。

以运营为导向是浦东国际机场规划设计的基本原则。不同的运营管理模式会要求不同的设施设备和信息系统平台。因此,对机场运营管理模式的研究是机场规划的任务,机场运营管理模式也就是机场规划设计的前提。但运营管理模式是由机场项目的融资模式和公司治理结构决定的,所以说"机场的融资模式与公司的治理结构是我们机场公司的基因之一"。

浦东国际机场在过去20年中所表现出来的美丽与丑陋、健康与疾病、聪明与愚钝、成功与失败都是我们种下的"基因"所带来的。融资模式和运营管理模式就是这其中的"基因"之一。

第 5 章

土地是机场最重要的资源。由于机场规划建设占用的土地特别巨大,所以节约用地就成了核心要务和关键评价指标。但是,紧凑的功能布局和土地的集约利用,所带来的最大好处还不是节约土地,而是提高机场运营效率。

土地利用与功能布局

浦东国际机场由功能明确的飞行区、航站区、货运区、海关监管区、机务区、工作区、商务区、航空公司基地、航油基地,以及周边的临空产业园区等构成。从最初的规划研究开始,我们就一直坚定地贯彻了明确的功能分区理念。

功能布局合理和土地利用高效是机场总体规划首先要考虑的事情,也是机场规划设计追求的最高指标。机场各功能区之间有明确的逻辑关系,生产工艺流程明确,设施联系清晰、耦合度极高。用地巨大是机场规划的重要特征之一,机场各功能区中又以飞行区用地最大,是机场规划设计中必须高度重视的。而现实中,由于种种原因,我们并没有在飞行区的规划设计中实实在在地开展优化工作,大多是按规范标准出图而已。粗犷设计的特征之一就是不做细致的研究工作,尺寸参数总是往大里取,造成浦东国际机场大量的土地浪费。更严重的还不是浪费土地,而是由此带来的设施布局松散、飞机滑行距离过长等问题,直接导致了飞行区运行效率的低下。旅客感受到的就是"延误"!

在如何提高土地使用效率这个方面,浦东国际机场是犯过很多错误的,有很多教训值得大家研讨。现在,旅客抱怨飞机滑行距离太长,针对地面设施这一块,说到底就是"没有认真研究运行需求,规划设计的精细度不够"。这个问题已经成为我们民航界的通病,成了机场规划设计进一步发展的瓶颈。

29. 机场运行效率与土地使用规划

大型枢纽机场的规划布局在建设初期总是非常困难的,难就难在远近结合上。初期往往规模不大,但必须为远期的发展预留充足的用地,这就必然造成各功能区的分离。分离的各功能区在相当长一段时间内形不成合力、形不成集聚效应。所幸,浦东国际机场在过去20年中连续高速发展,用20年的时间走完了西方走了近100年的路。当今年卫星厅工程投运时,浦东国际机场的总体规划结构也就基本完成,这大大缩短了各功能区分离、各自发展的时间,

很快就形成了合力。

浦东国际机场的规划结构自"浦东国际机场总体规划(1997 版)"公布以来保持了极大的稳定性,这是浦东国际机场的最大之幸运。浦东国际机场总体规划(1997 版)的"两组两辅四条跑道、一个集中的航站区、一主多辅的货运区和相对集中的机务区",以及"航站区被垂直联络道和旅客集疏运系统通道分割为 4~5 个基本单元"的规划布局,至今没有大的变化。这就保证了所有工作的效率和各期投入的有效性,最大限度地减少了废弃工程和重复投资。当然也从另外一个角度证明了一期工程指挥部的远见卓识和其主导编制的"浦东国际机场总体规划(1997 版)"所具有的较好的适应性,以及后人对科学规划的敬畏。

浦东国际机场总体规划上的最大问题是规划不够紧凑,导致飞机地面滑行效率低下。造成这一问题的原因可能是浦东国际机场的大量用地是由围海造地而来,价格相对便宜。从技术上来说,就是对最大机型的过度考虑和空间距离的过度冗余。总之,就是工作不够精细、认真。这里有一个"最大机型的选定与适用范围"的课题,非常值得每一个机场在总体规划阶段认真仔细地研究。由于 F 类飞机在每个机场运行的频率和范围都非常有限,最好的解决之道应该是彻底研究清楚 F 类飞机的滑行路线后,只在 F 类飞机滑行通道上保证其所需空间尺寸,做出精细的规划设计。这样一来,就能够使浦东国际机场的绝大多数区域按 E、C 类机型规划设计。Jeffrey N. Thomas 先生为我们 2 号航站楼候机长廊西侧规划设计了两块仅供 C 类飞机用的站坪以后,我们才摒弃了 ADP 建筑事务所传给我们的"尽量做大通道"的理念,开始在浦东国际机场扩建工程中追求精细高效的规划设计方案。这样一来,我们不仅能节约土地,更重要的是能够减少飞机的地面滑行时间,提高机场的运行效率。当今世界第一大航空枢纽机场——美国的亚特兰大机场 2018 年的旅客量是 1.07 亿人次,飞机起降量是 90 万架次,而其用地只有约 15.3 km² (图 5-1),可见其土地的集约利用与机场运行效率之间的关系。

浦东国际机场总体规划上的第二个问题是货运区分散。分散的货运区既不利于航空货运效率的提高,也不利于以海关为代表的口岸监管,还不利于临空物流产业园区的发展壮大。在浦东国际机场总体规划(1997 版)中,唯一将同一功能区分散布置的就是货运区。导致这个结果的原因有两个:一是绝大多数人不相信日本专家福本和泰先生在《浦东国际机场总体规划调查报告》中提出的"未来浦东国际机场将每年处理 500 万 t 货物"的预测,因此不愿将货运区规划布置在机场的西侧(图 1-2)。二是没有大型枢纽机场运营管理的经验,习惯于航站楼旁边就是货运站的小机场运营管理模式,传统限制了人们的想象力(对此,我们的顾问是枝孝先生多

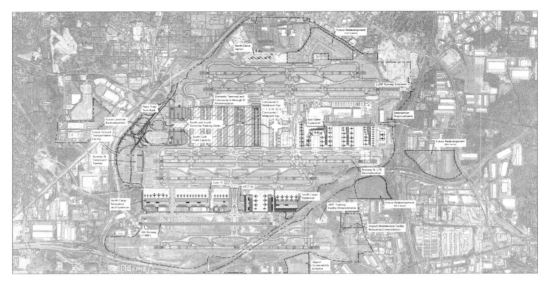

图 5-1　美国亚特兰大机场规划图

次表示了遗憾)。结果,仅仅六年后我们就明白了自己的局限性,启动了西货运区的规划建设。

　　浦东国际机场总体规划(1997 版)的第三个问题是没有很好地衔接机场功能区和航空城的产业园区,没有彻底打通临空产业链。后来,我们在浦东国际机场总体规划(2004 版)中增加了西货运区及其临空物流产业园区规划;又在浦东国际机场总体规划(2017 草案)补充了浦东国际机场东工作区(商务园区)的项目策划和详细规划。虽然做了这些亡羊补牢的事情,但还是留下来许多无法弥补的遗憾。这使我们深切地感叹:机场土地利用规划所形成的总体结构和功能逻辑的稳定,真的很重要!

30. 跑道构型与垂直联络道

　　机场规划首先要考虑的就是跑道构型,它决定机场的运输能力和总体规划的框架。与跑道同时确定的还有平行滑行道和垂直联络道,以及相应的航管设施等。浦东国际机场一期工程在选定 ADP 航站区规划方案后,就遇到了一个棘手的问题,即北端垂直联络道与陆侧道路、景观水池冲突(图 5-2)。

　　由于建筑师追求"旅客乘车掠过水面"的效果,进出场道路就必须把标高定在接近水面的

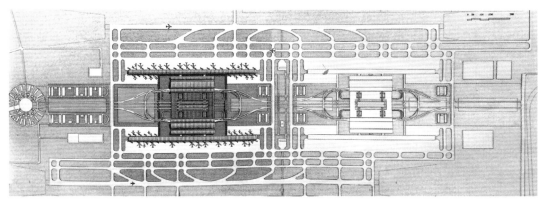

图 5-2 浦东国际机场一期工程 73 号投标方案

位置。而飞机用的垂直联络道受飞机滑行爬坡能力的限制,无法抬到汽车能够通过的标高。于是,我们不得不取消了这条垂直联络道。取消垂直联络道之后,必然带来飞机的绕行。本应该调整总体规划布局,将中间的那组垂直联络道北移,也就是将整个航站区北移,以减少飞机绕行距离。但由于某些因素的影响,这些工作被搁置了,给浦东国际机场的规划与运行留下了无法弥补的遗憾。现在,我们只能要求空管部门尽量做到"东航站区的飞机在第二、第四跑道起降,西航站区的飞机在第一、第三跑道起降",以此来减少飞机的滑行距离。

垂直联络道的位置对机场航站区的规划布局和航站楼的模式选定非常重要。规划时主要应该考虑飞机滑行顺畅,且滑行距离最短,同时还要注意不要隔断航站楼主楼与临空商务园区。

31. 航站区模式之争

航站区模式被分为两个大类,即由多个航站楼构成的"单元式"和单一航站楼(含卫星厅)形成的"集中式"。从浦东国际机场规划建设的最初期开始,到底哪一种模式更合适的争论就没有停止过。从本书第 1 章中我们就能够看出,20 多年来我们一直在两者之间"摇摆",一直试图获得两者的优点,结果却未能摆脱两者的缺陷。

至今,我仍然认为"中日合作浦东国际机场总体规划"(图 1-2)的集中式旅客航站区方案是最适合浦东国际机场这样的大型枢纽机场的。它的缺点是一期工程投资较大、技术要求较高、运营管理难度较大。与之相对应的、采用单元式航站区规划的 ADP 方案则大大降低了工程难度和运营管理要求和投资规模,当然也给后来的枢纽运营带来了麻烦。因此,当时放弃集中式航站区方案是可以理解的。真正遗憾的是第一次国际方案征集中,福斯特建筑事务所和NACO的联合体为我们提供了一个"从初期的单元式走向未来的集中式"的方案(图5-3)而未能采用。该方案让我们可以在一期、二期工程中先分别建设两个单元式航站楼,然后在三期、四期工程中建设新的航站楼主楼,将先建的一期、二期航站楼主楼连为一体,并加建卫星厅。

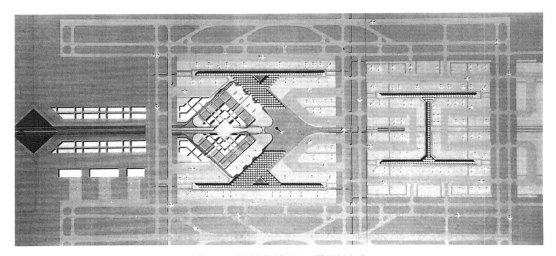

图5-3　浦东国际机场68号投标方案

　　虽然该方案没被采用,令人欣慰的是我们在后来的规划建设中尽可能地贯彻实施了这一规划思想。我们在二期工程中引入了"一体化交通中心"的概念,推进了1号、2号航站楼的一体化进程。随着互联网技术的发展,旅客网上值机率快速上升,对航站楼主楼面积的需求下降,浦东国际机场航站区规划形成了单元式与集中式相结合的新模式(图5-4)。

　　其实,是采用单元式,还是集中式航站区模式,应该由在机场运营的航空公司构成来确定。浦东国际机场由以东方航空公司为代表的天合联盟和以国际航空公司为代表的星空联盟为主体运营,其他联盟和非联盟的航空公司占比极小。而天合联盟与星空联盟之间几乎没有旅客中转,处于一种市场竞争关系。因此,联盟与联盟之间享用同一个航站楼的需求是没有的。所以规划建设成两套航站楼系统对于航空枢纽的运营是没有不良影响的,而把一个集中式航站楼系统做成两个集中式航站楼系统,是可以提高运营效率、降低运营风险、减少工程投资的。这就是浦东国际机场最后规划建设成为"东西相对独立、南北一体"的两套航站楼系

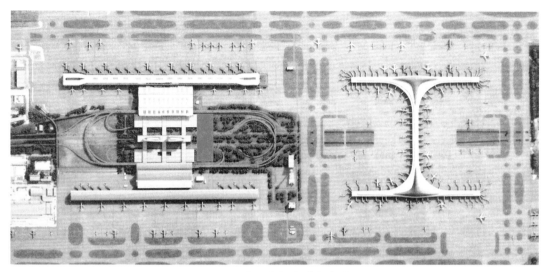

图5-4 现在的浦东国际机场航站区

统的原因。现在,东面的 T2-S2 系统由星空联盟运营,西面的 T1-S1 系统由东航为主体的天合联盟运营,事实上这是一个"次好的选择"。"最好的选择"是东航和天合联盟运营我们为他们规划建设的 T2-S2 系统。但遗憾的是东航在2号航站楼投运前的最后时机掉头、选择了使用1号航站楼。

对于中国的大中型枢纽机场来说,航空公司的运营情况大体上都是与浦东国际机场相似的。即我们的大中型机场都是由星空联盟和天合联盟的航空公司为主体运营的,都可以分为两大运营集团,都可以考虑规划建设两个集中式的航站楼,这比一开始就要规划建设一个满足未来枢纽运营的集中式航站楼,其技术难度、运营和投资压力都要小得多。

当然,我们应该为基地航空公司、航空联盟的枢纽运营提供"一个屋檐下"的运营条件。其最聪明的方案应该是一个由单元式逐步发展成为集中式的航站区规划方案,即一个可生长的、适应力超强的航站区规划方案,就如图5-3中的68号方案。它可以满足不同时期、不同环境的运营需求,具备最强的可持续发展能力。

32. 快递中心的"横空出世"

在浦东国际机场一期工程通航前夕,我有机会到大阪参加了关西机场主办的"机场规划建设国际研讨会"。在这次会议期间,我有机会与联邦快递公司的一位副总裁长谈。我从他那里确认了两条信息:一是中国潜在的、未来的快递市场非常大,联邦快递希望尽快进入,占得先机;二是以联邦快递为代表的国际快递公司在日本机场的运营成本太高,与浦东国际机场相比没有竞争力。回国后,我立即向领导做了汇报,并书面提议马上开展"浦东国际机场快递中心项目可行性研究"。没想到的是很快得到了高层领导的同意批示,项目进展神速。

其实,在机场集团内部,对这个项目的认识还是存在很大争议的。疑问有三:一是一期货运站刚刚建成处理能力富裕,能否共用? 二是第二跑道还遥遥无期,将快递中心孤悬堤外滩涂上(图5-5),在第二跑道投运前航空快件还要从第一跑道这边拉过去,是否合适? 三是真有这个市场需求吗?的确,这三个问题都是需要认真研究、详细解答的。当时,考虑到国内还比较缺乏快递行业的发展经验,我特意请了国外的咨询公司。经过认真的分析,最终我们决定上马啦! 当时我真是信心满满。当时的快递"四大天王"[美国联邦快递(FedEx),UPS快递(United Parcel Service),DHL国际快递,TNT快递]都愿意入驻,特别是联邦快递保证一旦条件具备,他们就会把放在关西机场的飞机放在浦东国际机场来过夜,这给了我极大的信心。虽然走过了一个大胆假设、小心求证的过程,但是今天回想起来还真有些后怕;虽然是筑巢引凤,风险难免,好像还是有一些冒进了。

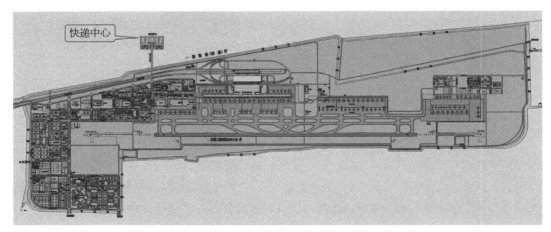

图5-5 孤悬海堤外的浦东国际机场快递中心

浦东国际机场快递中心建成之后发展迅速,特别是在第二跑道建成之后,加上中美两国海关合作的快速通关项目,并把试点放在了我们这个快递中心,快递中心的发展就完全超出了我们的预测。还有,联邦快递没有失约！浦东国际机场快递中心如图 5－6 所示。上海海关国际快递监管中心如图 5－7 所示。

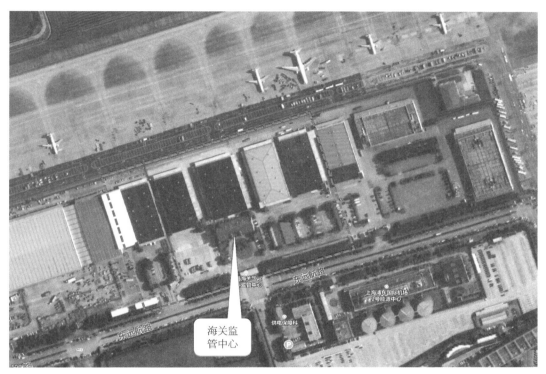

图 5－6　浦东国际机场快递中心

(注：图中红色虚线框中,为最早建成的浦东国际机场快递中心)

也就是说,当别人家还不知道航空快递是怎么回事的时候,我们就建成了一座 3 万平方米左右的快递中心,并且中美合作在这里研究如何处理这些快件,使它们在海关的正常监管下,又快、又准地投递到两国客户手中。我们确实冒了点风险,但我们占得了先机,占得了高地。这使我们在后来的 20 年中一直走在全国的前面,也是成就浦东国际机场货运枢纽地位的要素之一。即使到今天,它也还是我们开展新时代跨境电商业务的基础。

图 5 - 7 上海海关国际快递监管中心

其实,这种敢为人先的创新意识、冒险精神,就是我们在转型期的今天所特别需要的"担当"!

33. 西货运区与综合保税区提案

浦东国际机场的货运区规划有一个变迁的过程。在中日合作浦东国际机场总体规划(1995版)中,采用的是集中的西货运区方案(图1-2)。这是一个面向未来的大型枢纽机场规划方案,可惜我们放弃了。在浦东国际机场总体规划(1997版)中采用了巴黎机场公司提供的方案,将货运区分东西两块布置在了航站区的北侧(图1-6)。

到了浦东国际机场二期工程的时候,我们已经看到了浦东国际机场未来货运增长的巨大空间,也看到了货运业务的发展与客运业务的冲突,以及夜间货机起降与周围居民休息之间的矛盾,于是我提出了将浦东国际机场的货运区东移的方案。而此时,浦东国际机场总体规划(2004版)已经成型(图1-10)。

该方案认为:第四、第五跑道之间的用地将由吹填形成,用地规模广大且成本会很低,有

利于降低航空货运物流企业的成本;货机以晚上起降为主,使用第五跑道或第二、第四跑道,航空噪声影响区域内几乎没有居民,不产生航空噪声污染;第四、第五跑道之间用地完整、空间界限明确,有利于海关等口岸部门封关管理等优点。我将该方案写成了一本 13 页的报告,提交给了上海机场集团公司和市政府的相关领导。

然而最后,决策层没有采用我的提案,给出的解释是:第三跑道必须马上建设,越拖征地成本越高、越难以实施,甚至会导致今后浦东国际机场西面丧失建第三跑道的可能性。而要建第三跑道就必须把货运区布置到西面来,以利于浦东新区发展临空物流产业园区,从而提高浦东新区推进征地动迁的积极性。我认为浦东国际机场不能没有第三跑道,我接受了这个说法。

配合浦东国际机场货运区西移的决策,我们又提出了规划建设“浦东国际机场西货运区与综合保税区”的提案(图 5 - 8)。我们最初的想法是不够大胆的,只是想在西货运区的旁边做一个非常小的保税物流园区。待发展好了之后再将南面的非保税物流园区扩展到保税物流园区里来。这一提案很快得到了市政府的认可和浦东新区的支持,机场集团与浦东新区很快成立了合资公司,作为公共开发平台开展了规划建设工作。浦东机场综合保税区于 2009 年 7 月经国务院批准设立,规划面积 3.59 km²。浦东机场综合保税区实行保税物流区域与机

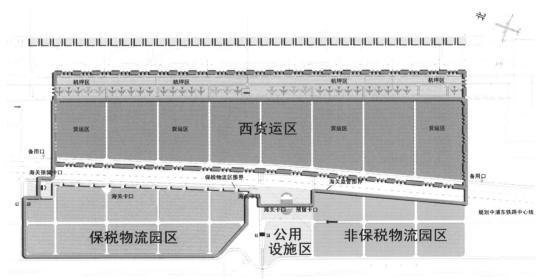

图 5 - 8　浦东国际机场西货运区与综合保税区提案

场西货运区一体化运作,具有浦东机场亚太航空复合枢纽港优势,成了上海临空服务产业发展的先导区。

2013年9月29日中国(上海)自由贸易试验区正式成立,面积28.78 km²,涵盖上海市外高桥保税区、外高桥保税物流园区、洋山保税港区和上海浦东机场综合保税区4个海关特殊监管区域。这里提到的就是我们所说的浦东国际机场自由贸易区(图5-9)。

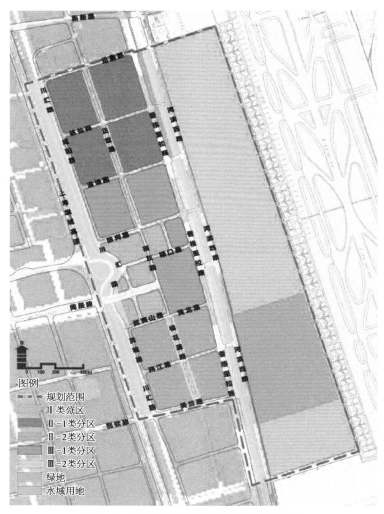

图5-9 浦东国际机场自由贸易区功能分区图

目前,在这块浦东国际机场自贸区内已引进包括电子产品、医疗器械、高档消费品等全球知名跨国公司空运分拨中心以及 100 多个融资租赁项目,UPS、DHL 和 FedEx 三大全球快件公司均入区发展,一批重点功能性项目已启动运作。机场综合保税区正逐步形成了空运亚太分拨中心、融资租赁、快件转运中心、高端消费品保税展销等临空功能服务产业链。

2017 年,我们又开展了浦东国际机场自由贸易港的可行性研究。自由贸易港与自贸试验区相比,属于特殊经济功能区,不再是特殊海关监管区,在管理理念、对象、方式、体制、发展定位等方面都需要做出重大改变。自贸区和自贸港最大的区别在于,自贸区侧重于货物流通方面的开放,而自贸港则是全方位的开放,包括货物流通、货币流通、人员流通、信息流通以及更重要的法律和监管方面的全方位变革。浦东国际机场自由贸易港的建设重点在探索实施符合国际通行做法的金融、外汇、投资和税收制度,鼓励港区内企业开展研发设计、加工制造、展示交易、检测维修、总部经济、采购分拨及融资租赁、航运服务等业务,促进形成集保税、贸易、加工、转口贸易、金融服务等于一体的产业群,实现运输功能向转口贸易、离岸贸易以及各类服务功能发展,进而成为国际航运中心和全球航空物流枢纽。

上海机场集团根据国务院自贸试验区的建设要求,为进一步抓住上海自由贸易港建设机遇,创新监管模式,拓展贸易功能,推动外贸业务向价值链高端延伸展开了一系列的研究。我们希望在浦东国际机场的南侧规划建设“浦东国际机场自由贸易港”的核心区,并逐步连接现存的自由贸易区、中国商飞总装基地,以及周边相关地区,最终形成浦东国际机场自由贸易港区(图 5 - 10)。在浦东国际机场自由贸易港区要真正形成“一线放开、二线管住、区内自由”的监管模式。其中,实现“一线放开”,就是自由贸易港区与境外之间的一线货物进出境自由。进一步放宽贸易管制,除法律、法规、国际公约规定禁止入境的少数货物和物品外,绝大多数货品可自由进出自由贸易港、自由装卸,采用舱单自动传输的方式进行数据采集,免予报关报检手续。区内不征收进口环节关税、增值税,进出商品不纳入贸易统计。实施“二线管住”,就是海关对自由贸易港区与国内之间进出的货物,包括货物、物品、运输工具和个人,原则上视同其他对外开放口岸进出货物,纳入全国海关通关一体化,实行常规监管。“二线”进出货物,监管要求更加严格,并且需要纳入贸易统计。“区内自由”则指区内“自由中转、自由存放、自由加工、自由转让”。

图 5 - 10　拟申报的浦东国际机场自由港区示意图

34. 航空冷链的大胆探索

2015 年,浦东国际机场货运站有限公司(PACTL)的冷链中心(Cool Center)建成试运营,成为我国机场内规模最大、标准最高的单体冷链物流设施。山东疫苗事件以后,冷链中心的医药冷链业务得到快速发展,占据了约 80% 的全国医药市场。山东疫苗案件是指 2016 年 3 月,山东警方破获案值 5.7 亿元,疫苗未经严格冷链存储运输销往 24 个省份近 80 个县市。这些疫苗在运输过程中全部损坏,造成了严重后果。案发后,相关部门才发现具备冷链物流条件的航空基础设施极少,浦东国际机场货运站的冷链中心是具有国际卫生组织许可的,国内最好的冷链物流中心。于是大量进口医药都走浦东国际机场货运站的冷链中心了。

浦东国际机场货运站的冷链中心位于货运站西侧,利用原货运站的停车场地建设而成(图 5 - 11)。冷链中心库区面积 3 500 m²,年处理能力 10 万 t。设置了冷藏集装库、散货库,

冷冻集装库、散货库以及集装板存储区,鲜活易腐存储区,涵盖了—18~8℃,2~25℃,15~25℃三个温度区间(图5-12)。冷链中心直接连接机坪和陆侧,提供完整、便捷的进出港处理流程。

图 5-11　冷链中心的位置和外景

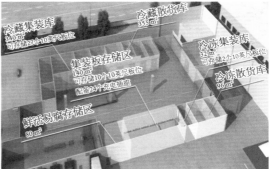

图 5-12　冷链中心的设施布局

　　冷链物流的安全和效率关乎国计民生,浦东国际机场货运站冷链中心的经验为冷链物流产业的发展做出了新的、较大的贡献。第一,解决了冷链运输中在传统环节容易出现的断链问题,大幅提升了航空冷链物流服务在机场环节的品质和效率。第二,使得市场上资金实力不足的物流商也能有机会享受到冷链货站便利、高效的服务,激发了市场活力。第三,通过硬件设施的保障,能有效避免"疫苗事件"及类似的悲剧重演,有助于提升政府信誉。

浦东国际机场货运站冷链中心还是国内第一家真正意义上的独立冷链货站。第一,它做到了冷链货物无须再进入传统货站处理。第二,它拥有独立、完整、便捷的直抵机坪的进出港流程。第三,它实现了冷链货站所有冷链货物处理的全部功能,包括:独立的出港货物交货区和进港货物发货区;独立的出港货物组装区和进港货物分解理货区;满足各种需求的冷库储存区;独立的控制中心。

浦东国际机场货运站冷链中心的建设和运营还灵活地、创新性地运用了PPP方式。冷链中心是由浦东国际机场货运站有限公司提供场地,第三方投资建设的。建成之后由第三方有偿租赁给浦东国际机场货运站有限公司使用,浦东国际机场货运站有限公司支付租金(图5-13)。这种投资、建设、运营一体化的模式是公司组建之后浦东国际机场货运站有限公司最大的一次创新。它的创新性表现在:第一,运用PPP模式中资产剥离(divestiture)私有化的方式,引入第三方社会资本投资建设,确保了项目快速建成、快速投入使用。第二,浦东国际机场货运站有限公司在PPP模式中创造性地扮演"政府"的角色,极大地扩展和丰富了公私合营的内涵。第三,项目以临时设备的名义灵活操作,规避了固定资产投资烦琐冗长的审批程序,但可能仍然存在政策法规的隐忧。亦即,有人依然认为它是一个"违章建筑"。我曾经为冷链中心解脱地说:"你可以认为冷链中心就是浦东国际机场货运站有限公司租来的一个大冰箱。它就不是一个建筑,只是一个临时租来放在那里的一个大设备。"

图 5-13　冷链中心的融资模式

无论如何,浦东国际机场货运站冷链中心的建设和运营是在蔡浩董事长领导下,浦东国际机场货运站有限公司的一次大胆创新。这不仅需要拥有强烈的创新意识与敢于担当的精神,而且要有精通业务、了解市场的功底。

冷链物流是未来航空物流发展的方向之一，冷链中心为浦东国际机场闯出了一条路，功不可没。

35. 对机务维修区规划布局的新认识

在浦东国际机场初期的总体规划中，我们一直都是非常强调功能分区的。所以机务维修区一直布置在机场南侧、中轴线以西。一般认为，把相同相近功能的设施布置在一起的目的是为了资源共享，是为了经营管理的市场化、社会化。然而，20 多年过去了，航空公司各自建设和使用了自己的机库和相关设施，几乎不发生资源共享，市场化和社会化程度也很低。因此，我感觉按功能集中布置的意义不是很大。而如果将机务维修设施与航空公司的其他设施布置在一起，却会带来其他好处，起码生活服务设施可以共享；如果与货运物流设施放在一起，还会带来物流上的好处，甚至放在保税区、自由贸易区内，会带来更多的好处。

其实，机务维修设施分两部分：一部分是航线维护设施，要求离站坪机位尽可能近，一般被安排在航站楼的一层，面向站坪一侧；另一部分维修业务耗时较长，其相关设施可安排在机库里或机库附近的维修机坪。这部分机务维修设施可以离站坪远一些，在大型机场可以不占用两条主跑道之间的最佳区域。

因此，建议今后重新检视机务维修区的理念，将机库及其相关大修设施设备与物流、产业园区结合，争取最大限度地利用物流、保税、自由贸易等园区的便利和政策优惠。

36. 机场的控制性详细规划

在浦东国际机场一期工程中，我们就为航站楼以北的机场工作区和航站区以南的机务区编制了控制性详细规划。在浦东国际机场二期工程之后，我们在除飞行区、航站区外的所有机场规划用地上，都开展了控制性详细规划编制工作，实现了机场详细规划的全覆盖，这在国内外都是第一次。

一般城市地区的控制性详细规划包括对土地使用、环境容量、建筑建造、城市设计引导、配套设施、行为活动等的规制(图 5 - 12)。在此基础上，我们首次明确提出了临空地区的规划控制要素除了这些之外，还需要增加鸟害、噪声、净空、电磁、烟雾与光污染五个方面的控制要素。至此，我们已经完全掌握了机场详细规划的特点，亦即机场要做到"环境友好、环境适航"就必须要考虑这一系列的规制，特别是以下这五个方面的问题。

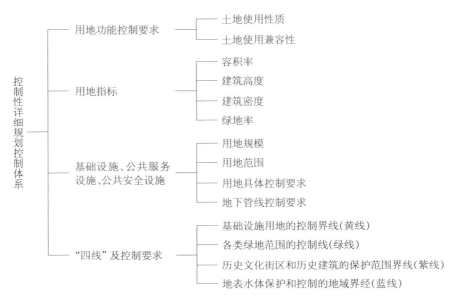

图 5-14　控制性详细规划的控制体系

[参照《城市、镇控制性详细规划编制审批办法》(中华人民共和国住房和城乡建设部令第7令),2010年12月1日颁布,2011年1月1日施行]

(1) 鸟害问题。机场附近不能有大量的,特别是体格大的鸟在机场附近活动,问题的关键是要避免吸引鸟类的植物和昆虫的存在。浦东机场周边的鸟分两种:一种是长途迁移的候鸟;一种叫留鸟,就是在本地生活的。一般来说,鸟的胆子是比较小的,它们之所以来机场,部分是因为飞行区地广人稀,少有人伤害它们;更主要的是因为哪里有吃的,它们就去哪里。因此要在控制性详细规划中规定机场及其周围的植物种植,要规定机场里面种的草、灌木、树都是不引鸟的。所谓不引鸟植物,就是那些不结果实的植物。例如我们在浦东国际机场大面积种植的香樟树和玉兰树就非常适用于机场,因为它们不但不结果实,本身还有一股气味,不生虫子。鸟是来吃虫子的,没了虫子,鸟也就不来了。

(2) 噪声问题。需要我们从机场选址的时候就要认真对待,机场总体规划中对噪声区域的开发控制是最重要的课题之一。现在国家已经有相应的控制标准(表5-1),这些标准和国际民航的标准是一样的。我们在做浦东国际机场规划的时候,场址周围的人口分布已经是上海当时人口最少的地方了。但是现在噪声问题还是非常严重。一般来说,噪声问题总是机场挥之不去的阴霾,它就像影子一样伴随机场的全生命周期。

表 5-1　航空器噪声与土地利用规范

分　区	WECPNL	土地利用规范
A	机场内	按机场规划控制
B	>75 dB	禁止兴建宿舍、文教和医院及同类建筑
C	70~75 dB	一般不能兴建居住、文教和医院建筑
D	<70 dB	一般可不考虑飞行噪声的影响

机场的航空器噪声影响范围一般都会超出机场规划用地,机场周边很大范围内都会不同程度地受到噪声的影响(图 5-15)。因此需要城市规划与土地管理部门高度关注、严格管控。当然,解决航空器噪声问题的关键,还是要从土地使用规划和开发利用上下功夫,要积极推动临空产业的发展,让城市发展与航空器噪声影响协调起来。反之,如果不做好临空地区的规划和建设,随着机场的发展、人口的集聚,噪声问题必定会越来越严重。浦东国际机场选址确定后,我们做了一次航拍,可以看到其周边的人口和建筑密度都是很低的(图 1),可是由于我们没有很好地用规划来引导城镇的发展,致使噪声扰民的问题越来越严重。现在,我们在浦东国际机场周边到处可见这种教训:被扰之民并非原住民!

(3) 净空问题。机场净空环境是保证正常飞行的基本的要求。机场对周边地区的建筑物或障碍物的高度控制是非常严格的,越靠近跑道高度控制越严。而这些控制要求也是依据国际标准的,全世界都一样。浦东国际机场净空控制示意图如图 5-16 所示。

(4) 电磁环境问题。跑道两端是最主要的电磁管控区域。浦东国际机场周边 100 多 km² 都属于严格控制电磁波发射装置的地区(图 5-17)。同时,对于跑道周边地区,特别是跑道两端的建筑物、构筑物的外围护材料也要特别关注,尽量不用或少用大面积金属材料,以减少对电磁波的反射。为此,我们在浦东国际机场一期工程中,对第一跑道北端东侧用彩钢板做外围护结构的浦东国际机场货运站,开展了非常细致的"电磁环境模拟仿真和对飞行影响的研究"。

(5) 烟雾和光污染问题。浦东国际机场周边地区本是传统的农业地区,传统农业地区都会有"烧荒"的习惯,这在机场附近地区都是禁止的,包括有些排烟的工业和食品加工业也都要回避,因为这会影响机场的能见度。

光污染也是机场规划建设中要特别注意的,一定要避免大面积使用镜面玻璃。为了减少浦东国际机场航站楼的玻璃幕墙的影响,我们都采用了较大的倾角,但是还是有影响飞行员

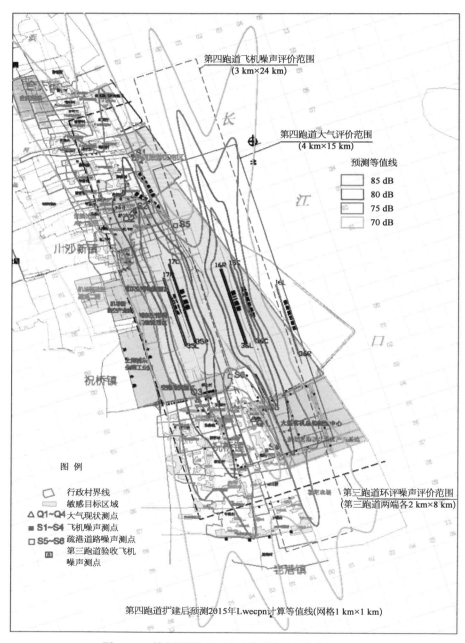

图 5－15　浦东国际机场四条跑道时的噪声影响等值线图

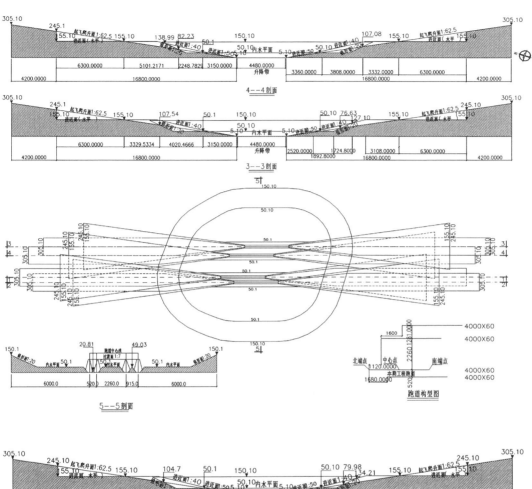

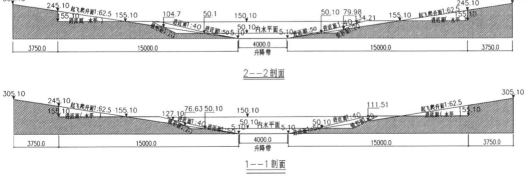

图 5－16 浦东国际机场净空控制示意图

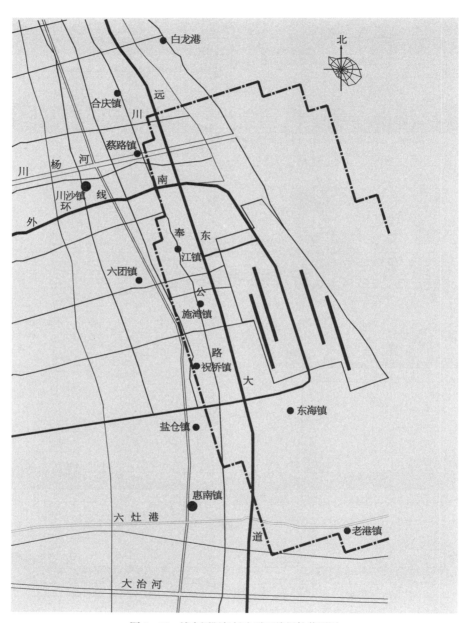

图 5 - 17　浦东国际机场电磁环境保护范围图

视线的地方。在浦东国际机场运行指挥中心的规划设计中,我们就淘汰了某设计院的全玻璃幕墙方案,而且我还成功说服了中标的建筑师将立面门窗缩小、增加了实墙面积。理由就是减少白天的反光和晚上的透光,这就是所谓的光污染。因为飞行员总是在抱怨引导灯不亮,而建筑物太亮。浦东国际机场运行指挥中心与塔台如图 5 - 18 所示。

图 5 - 18　浦东国际机场运行指挥中心与塔台

我们不仅实现了机场围场河内的控制性详细规划全覆盖,而且在浦东国际机场周边地区的控制性详细规划体系中,嵌入了上述机场特有的五大详细规划控制要素,将机场"环境友好、环境适航"的保障要素,完全纳入了地方政府的城市规划管理体系。这在国内也是第一次。

◇ **本章感言** ◇

机场的土地使用规划其实很简单,沿着长条形的飞行区(跑道、滑行道)布置航站区、货运区和机务区即可。通常以旅客运输为主的机场会把航站区布置在中间位置,然后一边是货运区,另一边是机务区。各区用地的大小由规划目标年的飞机起降架次、旅客量、货运量来决定。航空公司构成、机型组合、集中率、集疏运模式等都会不同程度地影响土地使用规划和设施布局。其内在的逻辑性是非常明确的。

在保障安全运营的前提下,最大限度地提高土地使用效率,为各机场功能区发挥最大的效率创造空间环境,是机场土地利用规划的目标。浦东国际机场在土地利用规划方面的最大的教训就是设施规划布局不够紧凑,飞机地面滑行距离长,旅客步行距离远。其实"安全"和"高效"是机场规划者永恒的追求。

我们在浦东国际机场的规划建设中,货运区的反复最多、教训最多。从对货运区自身的规划布局规律的认识,到货运区与物流、产业园区的关系对接,我们都走了太多的弯路,有太多的课题需要我们好好地分析、研究和总结。其中,最大的教训就是设施分散,没能形成统一的物流产业园区和统一的信息平台。

在机场总体规划制度建立后,全面实施控制性详细规划将是机场规划技术和规划管理工作向精细化、制度化发展的必然,是我们接下来努力的方向。当然,机场航站区、飞行区有其特殊规律,需要我们进一步建立一套有效的管控措施和技术规制。

第 6 章

机场最核心的生产运营设施是跑道、旅客行李处理系统、机场运行信息系统、站坪机位、旅客捷运系统,以及旅客中转设施、停车设施等。它们是机场运营的基本工具,需要我们给予最多的、持续的关注。

生产运营设施的规划

　　大型国际枢纽机场的生产运营设施成千上万,每一个都是机场这个大机器上不可缺少的一个零件,每一个都必须长期稳定地无瑕疵运行。但是,对于机场规划师来说,最核心、最关键的生产运营设施是跑道、旅客行李处理系统、机场运行信息系统、站坪机位、旅客捷运系统、中转设施、车道边与停车设施等。它们就如同机场人吃饭的碗、碟、杯、筷子,需要我们给予最多的关注。

　　在浦东国际机场的规划建设中,关于生产运营设施的故事最多,也最生动。把这些故事串起来,也能很好地反映出浦东国际机场成长壮大的历史,能够看出我们在不同的时期有不同的关注点。一期工程,我们的关注点在机场基本功能的保障上,在安全和可靠方面;二期工程,我们的关注点更多地在运行效率、便捷与高效方面;三期工程,我们的关注点开始转向服务水平的提高,更多地在一体化与可持续发展方面。

　　然而,机场生产运营设施的规划、建设、改造是个永无止境的工作。我们面临的技术进步实在太快了,唯有与时俱进、不断学习,才能勉强跟上时代的步伐。当前,以互联网技术为代表的信息技术的发展,正给机场生产运营设施带来翻天覆地的变革,需要我们做出大量实实在在的开创性工作,才能应对这些我们面临的巨大挑战,而不被这个飞速发展的时代落下。

37. 关于飞行区场道沉降标准的争论

　　由于浦东国际机场选址在新近形成的滩涂上,一期工程首先遇到的技术难题就是在如此软弱的地基上,建设大规模的跑道和机坪设施应该怎样控制沉降。考虑到日本人在填海造地方面经验丰富,又刚填海建造了关西国际机场,我们从一开始就引入了这一领域的日方专家参与前期研究。

　　在前期的工程可行性研究中,中日专家的最大分歧就是沉降控制标准问题。首先中方的设计机构和专家们提出了"两个 5 cm"(即工后沉降不大于 5 cm、差异沉降也不大于 5 cm)的

沉降控制标准。日方专家团则提出在如此软弱的地基上,如果采用如此高的沉降标准将会大幅提高工程造价,且技术上要做到"两个 5 cm"也完全不可行。他们提出只按照《国际民用航空公约》(Chicago Convention on International Civil Aviation)附件 14 关于道面标准的要求控制差异沉降即可。同时,日方专家还指出在浦东国际机场这样的大型繁忙机场,今后跑道盖被时还可以有机会调整道面的工后沉降和差异沉降。

经过一场旷日持久的论战之后,指挥部采用了倾向于日方专家意见的折中方案,即确定了控制道面差异沉降小于万分之一的设计目标值。实际上浦东国际机场一期工程的跑道沉降最大超过了 50 cm,差异沉降却控制得很好。这是因为我们听取了日方专家的意见,在地基处理上采取了一系列措施,大大增强了地基的均匀性。我们从这次与外方的合作中学到了很多东西,解放了思想、开阔了眼界、积累了许多宝贵的经验,也改写了相关规范和改变了我们的设计习惯(参见《浦东国际机场建设——场道地基》第 348 页,上海科学技术出版社 1999 年出版)。

浦东国际机场一期工程的总体设计和飞行区规划设计由日本政府提供无偿援助,是由日方组建工程咨询设计企业联合体承担的(图 6-1)。这是我国改革开放后第一个由外方承担

图 6-1　由日方承担的飞行区设计的签约仪式

机场总体和飞行区规划设计的机场。国内的配合设计单位是中国民航机场规划设计研究院。同时,浦东国际机场一期工程航站区,包括航站楼和停车楼等设施的规划设计由法国政府提供政府贷款,由巴黎机场公司承担。国内配合设计单位是华东建筑设计研究院。

38. 旅客行李处理系统

一、公共值机模式

如果你问旅客行李处理系统的规划设计要求,业主往往会不加思索地答道:"要最好的"、"要全自动的"。提出这样的要求,除了有些人是为了逃避运营责任以外,多数人其实是出于对旅客行李处理系统的无知。其实,衡量一个旅客行李处理系统好坏的最高指标主要是两个:一是出错率低;二是速度要快。说白了,就是要以最快的速度把旅客的行李交给航空公司。要快的唯一办法就是要让旅客行李处理系统尽可能简洁。因为系统越复杂,处理的时间就越长;系统越复杂,出错的概率也越大。在这里我是想告诉大家,旅客行李处理系统的好坏与系统的技术先进性没有直接关系,最适合你的往往就是最好的。

那么什么时候需要行李自动分拣系统呢?只有当我们需要公共值机时才有这种需求。公共值机是指任何一个柜台都可办理任何一个航班的值机手续。公共值机可以方便旅客办票、提高柜台的利用率、实现资源共享。但公共值机需要航站楼内的行李系统、离港系统、航显系统等各机电信息系统的支持,技术难度会大大提高,设施设备的投资也会大大增加。

机场航站楼一般分为国际区和国内区,国际区和国内区之间不允许行李混合,因此国际与国内之间不能实行公共值机。我国机场的航站楼有以下特点:航站楼是多家航空公司共用;航站楼值机操作者归属于少数几家企业;一般分为基地航空公司、机场代理公司等;存在低成本航空公司;各航空公司并不希望自己的行李与其他航空公司混合。另外还要记住,目前的行李自动分拣技术还不能保证100%正确分拣。

针对我国航站楼的特点,可以将公共值机模式分为三级:一级公共值机是指航站楼内的所有柜台实行统一的公共值机;二级公共值机是指将航站楼划分为几个区域,各个区域内的柜台实行公共值机,区域之间的柜台不实行公共值机;三级公共值机指值机岛内的柜台实行公共值机,值机岛之间的柜台不实行公共值机。航站楼公共值机分级后,大航空公司或航空联盟可以选择一个独立的区域,小航空公司可以选择一个值机岛或半个岛。这样带来的好处是各航空公司、航空联盟在各自的范围内运营,相互之间没有影响,又在一个屋檐下运营和协作。

二、对应不同分级公共值机模式的解决方案

对应公共值机分级,旅客行李处理系统也有三种不同的解决方案,不同解决方案的系统复杂性、投资规模相差都很大。

方案一(一级公共值机):一级公共值机对应的旅客行李处理系统的原理如图6-2所示。A~F岛任何一个值机柜台接收的行李,通过分拣机可以到达任何一条装卸线,每条装卸线对应一个航班。该方案的优点是每个柜台的行李可以很方便地到达各条装卸输送线,运营时的柜台分配非常灵活。缺点是系统的瓶颈是分拣机,一旦分拣机出现故障,整个行李系统将瘫痪;各航空公司的行李要先混合再分拣,分拣机的负荷较大,系统处理能力受分拣机能力的限制;行李系统投资较大。

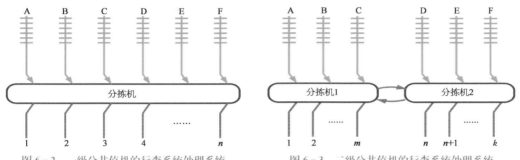

图6-2 一级公共值机的行李系统处理系统　　　　图6-3 二级公共值机的行李系统处理系统

方案二(二级公共值机):二级公共值机对应的旅客行李处理系统的原理如图6-3所示。A~C岛为一个区域;D~F为另一个区域。A~C岛任何一个值机柜台接收的行李,通过1号分拣机,可以到达$1~m$号的任何一条装卸线;D~F任何一个值机柜台接收的行李,通过2号分拣机,可以到达$n~k$号的任何一条装卸线。1号和2号分拣机之间的联络线,可以保证一部分行李在两个区域内转换。该方案的优点是分拣机的风险只影响行李系统的局部,分散了方案一的整体行李系统的风险;在基本不增加分拣机长度的情况下,系统整体处理能力高于单台分拣机的处理能力;用较低的投资处理较多的行李量;各主要航空公司的行李分区处理,互不影响,符合中国国情。其缺点是虽然分拣机之间有联络线,柜台分配不当时有部分航空公司的行李将跨越两个区。

方案三(三级公共值机):三级公共值机对应的旅客行李处理系统的原理如图6-4所示。A岛值机柜台接收的行李直接送到1号转盘,B岛值机柜台接收的行李直接送到2号转

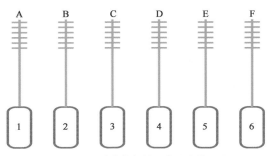

图 6 - 4　三级公共值机的行李系统处理系统

盘……到达转盘的行李由人工分拣。该方案的优点是系统简单、投资最少、系统稳定、设备故障只影响非常小的局部范围;系统的潜在处理能力较大。其缺点是人工分拣有航班数上限,旅客办票时要选对值机柜台,旅客办票不方便。

通过对上述三种方案的相互组合,可衍变出不同的方案。前两个方案中,分拣机始终是瓶颈,当分拣设备故障时,其对应的柜台将停止办票。因此,为应对分拣设备故障,方案一的备份方案是增加一台分拣机或与方案三组合,方案二的备份方案是增加分拣机或与方案三组合,方案三的备份方案是在两条输送线之间增加转换输送线。

通常,选择旅客行李处理系统方案时,应考虑机场建设的投资规模和国情、场情的特点。从机场规模考虑,当机场年旅客吞吐量在 1 000 万人次以内时,建议选择三级公共值机;当机场年旅客吞吐量在 1 000 万～2 000 万人次时,建议选择一级公共值机或三级公共值机;当机场年旅客吞吐量大于 2 000 万人次时,建议选择一级公共值机或二级公共值机。另一方面,中国机场的特点还决定了,基地航空公司与机场地面代理公司之间不会相互办理值机手续,低成本航空公司为降低成本,要自己办理值机手续。因此,二级、三级公共值机方案比一级公共值机更能适应这种国情、场情的要求。另外,当分拣机出现故障时,对系统的处理能力是有影响的。往往是一级公共值机要大于二级公共值机系统;故障时受到影响的航班数,一级公共值机系统也高于二级公共值机系统。在行李系统的复杂性、设备长度方面,一级公共值机要大于二级公共值机系统。在行李系统投资方面,一级公共值机更是要大大高于二级公共值机。

三、浦东国际机场的旅客行李处理系统

基于上述分析研究,浦东国际机场 1 号、2 号航站楼都采用的是方案二加方案三的组合模式。以浦东国际机场 2 号航站楼为例,先按年旅客流量 4 200 万人次设计,其公共值机的行李处理系统如图 6-5 所示。

浦东国际机场 2 号航站楼的旅客行李处理系统是一次设计、分期建设的。一期建成后(图 6-5 中的实线部分),国内区行李系统是一级公共值机与三级公共值机的组合,国际区行李系统是二级公共值机与三级公共值机的组合,同时国际、国内各预留一套分拣机。国内行

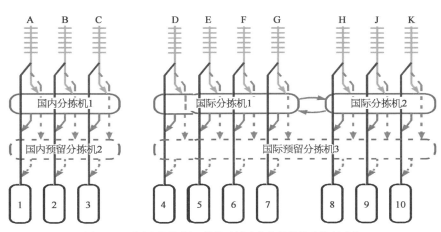

图 6-5　浦东国际机场 2 号航站楼公共值机的行李处理系统

李系统有三种运行方式：一级公共值机运行，三级公共值机运行，一级、三级混合运行；国际行李系统也有三种运行方式：二级公共值机运行，三级公共值机运行，混合运行。旅客行李处理系统通过公共值机模式的组合，避免了缺点，发挥了优势。在先期只建设一套分拣机的情况下，两种值机模式相互备份，设备（分拣机）的故障，不会降低系统的处理能力。二期预留分拣机建设后，旅客行李处理系统是三种公共值机模式的完美组合。系统投入使用后，机场管理者在分配值机岛和柜台时，可以在三种公共值机模式中选择分配，运营模式不受行李系统的限制。大航空公司使用多个值机岛，行李可以分拣到多个转盘，小航空公司使用一个值机岛或半个值机岛，行李不必经分拣机分拣，直接输送到转盘，很好地适应了航空公司既独立又联合的服务要求。在满足各个航空公司对行李系统需要的情况下，不但缩短了行李运输距离和时间，提高设备利用的效率，而且系统处理能力不受分拣机限制，行李系统投资规模要比国内同等级机场节省许多。2 号航站楼行李处理系统原理如图 6-6 所示。

　　关于浦东国际机场的旅客行李处理系统，还有两点被问得较多：

　　一是"为什么托盘分拣机不分到每一个航班？"对此，我做过无数次解释："托盘分拣机不将旅客离港行李分到每一个航班，是为了在行李装箱前设置最后一道确认环节。如果分拣机出错，还可以在这道环节纠正过来。如果采用将旅客离港行李分到每一个航班的方案，当系统出错时，行李搬运工就会将错误行李直接装进集装箱，失去一次纠正的机会。"当然，我们当初是为行李搬运工准备了确认设备的，但他们并不使用该设备，只用人眼识别即可不出错了。其实，这里有一个很重要的设计理念在里面。这就是没有这个环节，出错的责任完全在系统

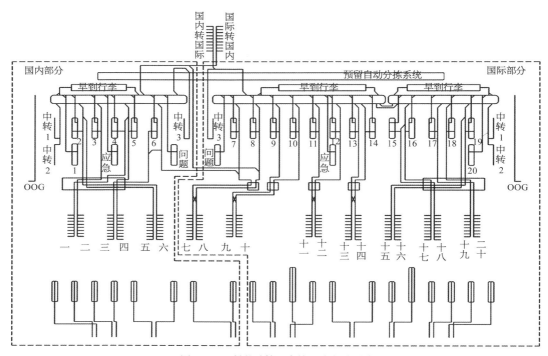

图 6-6　2号航站楼行李处理系统原理图

设备(一般而言,机械系统的出错率大于万分之一,系统越用得多,出错率越高);而有了这个环节之后,出错的责任就不仅仅是机器负责了,搬运工也有一份责任。因为有了人工介入,整个旅客行李处理系统的出错率就大大降低了。

二是"为什么要采用双通道安检机,而不采用集中安检?"双通道安检的好处是旅客托运行李在进入行李处理系统之前已经判定为合格行李了。这样一来,行李处理系统与行李安检系统就分离了。行李处理系统只负责输送和分拣,系统的复杂程度就大大降低了,输送距离就短了,把行李交给航空公司的时间就快了、也不容易出错了,投资也减少了。而如果采用集中安检,就要先将值机柜台收的行李集中输送到安检设备去安检,然后再输送到分拣机分拣到各航班。这就一定要有自动分拣系统。而集中安检都是分级进行的,因此行李必须在各级安检间多次输送。这就会使行李在系统中的输送时间大大加长,交给航空公司的时间就推迟了。前面我说过行李处理系统的最高考核指标就是"准确"和"快速"两个。显然,双通道安检比集中安检更不容易出错、更快捷。

39.　机场运行信息系统

一、浦东国际机场一期工程信息集成系统

浦东国际机场一期工程的信息集成系统是 UFIS 公司提供的。当时参与竞争的还有 IBM 公司和优利公司等,三家竞标非常激烈,最后剩下 IBM 和 UFIS 公司。IBM 公司提出了一个很好的设想,就类似于浦东国际机场二期信息集成系统中的 BMI(基于标准的信息交换平台)。其原理就是不管有多少应用系统,他们用一个中间件来解决所有系统的集成和信息交互问题。这个技术在投标时还没有,IBM 认为他们是有把握开发出这个技术的。他们还提供了一些资料来证明他们是有把握的,而且 IBM 的硬件配置和项目管理等各方面都比较好,只是总价比最后中标的 UFIS 多了 500 万元。而通用机场运行信息系统(universal flight information system, UFIS)是德国柏林机场已经使用的一套比较成熟的系统。当时 IBM 全球总裁来见总指挥,说他们想不通,为什么我们明知道 IBM 的东西好,还是 UFIS 中标,问我们是在乎这多出来的 500 万元钱吗? 我们总指挥回答说:"不是钱的问题。假如我们到服装店里买西服,一个店里介绍他的西服如何如何地好,并且还给我画了一套漂亮的设计图;另一家店里已经有成品做好放在店里,但是不如那家店里的设计漂亮。你也许会买画西服的那家,你会等他去做这件西服。而我们决定买另一家已经做好的西服。"IBM 总裁听后说:"我明白我们输在什么地方了。"总指挥说的这个道理就是我们要采用成熟技术,因为成熟技术安全性高、风险小。

事实上,这是我国第一次在机场采用高水平、大规模的信息集成系统,很多人认为我们做不成的,因为我们甚至都提不出我们的需求。我们非常清楚我们的问题,因此我们必须找一个有成功使用经验的老师。我们甚至决定在 UFIS 与我们的运营管理体制有矛盾时,就改革我们的体制。我们也确实这么做了,因此也大幅度地推动了浦东国际机场运营管理体制的改革,对我们浦东国际机场提高运营效率起了很大的作用。

回顾一期工程期间信息集成系统的建设历程,可以总结出以下有益的经验:

(1) 适度集成。在浦东国际机场一期工程时,我们早早就确立了将运营信息系统与管理信息系统分开,先集成运营信息系统的原则。只对与航班生产有关的信息系统进行了集成,减少了信息交互的复杂度,保证了机场航班信息的唯一性和准确性。

(2) 应用系统保持独立性。一期工程信息集成与子系统之间,各子系统之间的运行是相互独立的,集成的应用系统中任何系统发生故障都不会影响到其他的系统的正常运行,这样对机场的正常运行秩序影响较小。

(3)业务流程清晰。各子系统之间的信息流定义明确,信息集成较为完整,信息传递及时、完整、唯一。

(4)只使用成熟的集成产品。必须选择成熟的、有成功案例的产品,这对于保障系统的按期投运、稳定运行有极大的帮助。

(5)信息源管理。航班信息来自多个信息源,并根据业务对信息源设定优先级,减少了信息源不准确对机场业务的影响。

当然,任何一个系统在建设过程中都不可能十全十美,一期信息集成系统的规划建设在技术上主要的不足是:

(1)信息接口采用了较为陈旧的专用接口技术,服务器端与客户端配置复杂,开发量大,开放性差。同时增加接口数量较复杂,还影响到集成的整体性能。

(2)过分强调产品的通用性,不能根据浦东国际机场的实际情况进行业务的优化和调整,特别表现在数据库的性能方面。

(3)在客户化方面还存在着较大的差距,不能根据客户的需求进行定制。

二、浦东国际机场二期工程信息集成系统

一期航班信息相关系统的成功经验和不足对于二期系统的规划和建设是非常有裨益的。它使得二期系统的规划和建设能够在一个相对成熟的系统基础之上进行,还为我们培养了一大批优秀人才。二期工程时,我们依据机场集团建设上海航空枢纽的要求,综合分析机场发展战略、技术发展趋势,并在总结一期信息集成系统经验的基础上,对于二期航班信息相关系统规划做了如下八个方面的考虑:

(1)统筹规划上海机场集团管辖范围内机场的航班信息集中管理的数据中心和航班信息集成系统,满足多机场、多航站楼的运行格局。

(2)为便于灵活的扩展和系统之间的信息交互便利,规划了基于标准的信息交换平台(标准化的数据与信息交换平台,即 BMI)的航班信息集成系统。

(3)为保证对航班运行和旅客服务的影响降至最低,规划考虑航班信息相关的各系统保持相对独立,每个系统都保持业务的独立性,在其他系统出现故障时通过人工介入仍能正常运行。

(4)规划集成系统的核心软件(数据源处理、航班信息管理、资源分配)必须满足分块化操作及总体监控的要求,即在软件中可以给不同用户分配对不同区域资源和不同航班信息的操作

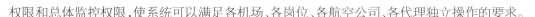

权限和总体监控权限,使系统可以满足各机场、各岗位、各航空公司、各代理独立操作的要求。

(5) 根据浦东国际机场两个基地航空公司都拥有 FOC 系统,空管拥有场监雷达系统及传统 AFTN 和 SITA 报文的实际情况,航班信息系统规划采用多航班信息源获取航班信息。

(6) 规划采用独立的机场运营数据库(airport operation database, AODB)、机场管理数据库(airport management database, AMDB)分别承担运营和管理数据存储的需求,使 AODB 面向生产层面的航班计划及营运信息的收集和发布,AMDB 面向管理层面的航班业务的事后分析和处理。

(7) 规划采用信息网关承担一期集成系统和集成系统信息的转换,并将一期航班信息集成系统作为二期航班集成系统的子系统,保持原集成系统的独立、完整,减少对一期信息系统的改动。

(8) 为保证集成范围内各系统时钟信息一致,规划航班信息相关系统的 NTP 时钟服务器。

根据此规划,机场航班信息相关系统的规划是满足多机场、多航站楼集中的 AOC(机场运营中心)运行指挥和各 TOC(航站楼运营中心)航班运行服务保障的需要,并最大限度地减少对一期信息系统的改造(图 6 - 7)。

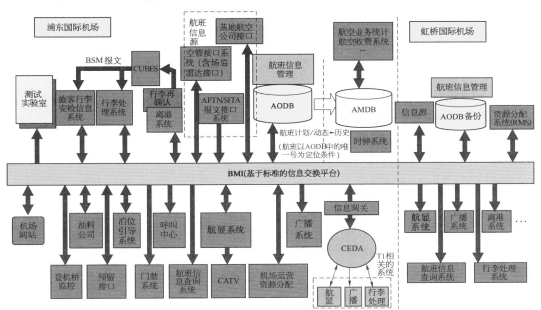

图 6 - 7　浦东国际机场二期工程信息集成系统总体规划架构图

上述总体构架切实贯彻了浦东国际机场总体规划的原则和指导思想,即"统一规划、分期实施"(统一规划集团内部生产系统,适应分期建设需要)和"数据集中、独立运行"(生产运行核心数据集中处理、存储,各系统保持独立性分别为两个机场提供服务)的思想。

浦东国际机场二期扩建工程的信息集成系统项目启动之前,我听说南非全国的机场用的是一个信息集成系统。于是,我特意去考察了这个传说中的南非的多机场系统。回来以后就明确制定了一个以浦东国际机场为主、以虹桥国际机场为辅的多机场体系的信息集成系统的规划方案(图 6 - 8)。

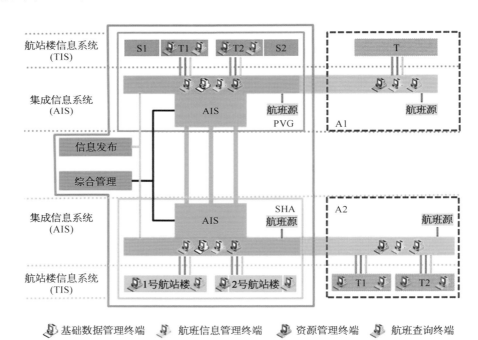

图 6 - 8　上海机场多机场体系的信息集成系统规划图

上述总体规划目标,随着后来的浦东国际机场 1 号航站楼改造项目的完成和虹桥国际机场扩建工程的投运,都已经分阶段实现了。上海机场多机场体系的信息集成系统实现了核心数据的相对集中处理,满足了两个机场的航班计划及资源计划的处理、发布、存储功能需求,并实现了异地容灾和备份功能,同时确保了两个机场可以根据权限设置、自行进行业务操作和处理。

三、信息系统对新运营管理模式的支撑

浦东国际机场二期工程投入运行后，机场将形成多航站楼的运行格局。因此，浦东国际机场二期扩建工程一开始，我们就启动了机场运营管理平台的规划建设工作。我们确立了浦东国际机场二期工程完成之后，将在"AOC-TOC 运行模式"下运行的原则。甚至还确立了"不换脑子、就换位置"的组织保障原则。这就要求浦东国际机场二期工程的运营相关信息系统，需要从系统层面支持如下功能：

(1) 机场运营中心(AOC)负责机场航班信息统一管理和航班在两楼及机位(含登机门)的分配外，还负责机场运行的统一指挥，统一协调。

(2) 航站楼运营中心(TOC)负责航站楼内资源(包括值机柜台、离港行李装卸转盘和行李提取转盘/出口等资源)分配、旅客服务(包括问讯、广播和物业管理、贵宾室服务)和航空公司协调。

(3) 交通信息中心(traffic information center, TIC)是浦东国际机场区域内道路、停车场及相关交通设施的管理中心。统一管理机场区域内的各种陆侧交通信息，承担机场区域的实时交通信息提供和服务，以提高交通运行效率和服务质量。

(4) 市政设施管理中心(utility management center, UMC)主要负责机场运行所需冷热源供应、燃气供应、机场范围内的给排水处理以及电力供应(35 kV 电站)的运行监控。

(5) 公安指挥中心(PCC)负责机场监视和警务指挥，它从平台获取信息，但并不接受AOC 指挥。

(6) 飞行区运营中心(AOC)负责飞行区跑道、滑行道、机坪，以及助航灯光、消防、围界等设施设备的运营维护和保障。

最终，我们很成功地建成了图 4-13 所示的一体化运营管理平台，大大地提高了浦东国际机场一体化运营管理的水平，并成功地压缩了人员编制、精简了管理体制。浦东国际机场成为境内第一个实现这种运营管理模式的机场，成了许多国内机场学习的标杆。

然而，"AOC-TOC 运行模式"运营至今，依然还有许多遗憾：一是平台有被过度技术设备化的趋势，例如 TOC 被当成了一个技术保障部门，淡化了其运营协调、指挥功能；二是有人机分离趋势，一些管理干部技术业务水平不合格，没有达到值班经理(即一线指挥者)的要求；三是平台建设的初衷是支撑我们的运营管理模式进一步扁平化，此事依然任重道远。

在浦东国际机场信息化规划建设方面，还有一个更加遗憾的问题就是遥遥无期的"航空物流信息平台"。我们从浦东国际机场二期工程开始就规划货运物流信息平台了，历经艰辛、前仆后继，但是至今无果。现在反思起来，我认为这与我们从一开始就选取了一个分散式的货运物流设施布局有关。如果我们当时能够克服困难,采用香港机场的超级货站模式、采用集中的物流园区,也许浦东国际机场的货运物流信息平台就不会是现在这个样子了。

很遗憾,历史是不能够假设的。今天的浦东国际机场货运物流的信息化建设是不令人满意的,与世界第三的货运量也是极不相称的。很抱歉,只能留给后人们去解决了。

40. 可转换机位与组合机位

可转换机位和组合机位是我们的发明,但我们没有申请专利!

所谓可转换机位是指既可以给国际航班使用,又可以给国内航班使用的同一个机位,即可以在国际和国内之间转换使用的机位。在浦东国际机场,最早的可转换机位是1号航站楼正中间部位的四个机位,它们是可以在国际和国内之间转换使用的。后来我们发现这四个可转换机位被用在"国际线的国内段"这种航班上非常方便。例如这架飞机前一段是国际的,从日本飞来上海,下了部分旅客,又上了部分从上海去武汉的国内线的旅客,然后再飞去武汉。如果没有这种可以转换的机位,这个飞机就要先停到国际机位下客,然后再从国际机位拖到国内机位上去上客。以前我们就是这样拖来拖去的,比较麻烦。因此,在浦东国际机场1号航站楼规划设计的时候,我们就尝试着做了4个这样的可转换机位。由于1号航站楼中这些可转换机位是在平面上解决转换问题的,旅客流程在空间上是混流的,只能靠时间上分离,所以不可能规划太多这样的可转换机位。随着浦东国际机场运营规模的扩大,对这种可转换机位的需求越来越大。

为什么这种可转换机位的需求会这么大呢? 有两个原因。

第一个原因是浦东国际机场的运行特点造成的。浦东国际机场国内航班早上一个高峰、中午一个高峰、晚上一个高峰;而国际航班是上午一个高峰、下午一个高峰。通常是国内航班高峰之后接下来就开始国际航班的高峰;随后又是国内航班的高峰……这样就产生了一个问题,如果国内国际近机位严格分离,就会造成国内高峰的时候国际机位较富裕,国际高峰的时候国内机位较空闲。浦东国际机场的1号航站楼就是这样的。浦东国际机场的航班波如图6-9所示。

第二个原因是"国际航班国内段"(也被

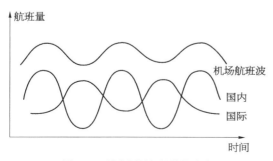

图6-9 浦东国际机场的航班波

称为"国际—国内经停"或"国内—国际经停")的飞机,可以停在同一机位上完成上下旅客,而不需要先停在国际机位上落客,再拖到国内机位上上客;或者只能使用远机位。可转换机位可以让国际航班国内段的飞机停在同一机位不动,机上旅客下完客后,改成国内线航班。在浦东国际机场经停的旅客,可以在航站楼内完成中转流程后,与国内线的旅客一道从国内层的登机桥固定端登机。

于是,我们在浦东国际机场 2 号航站楼规划设计时就采用了"三层式"航站楼方案。在 2 号航站楼规划设计了 26 个有两个固定端的可转换机位(图 6 - 10)。这 26 个机位的国际旅客的出发、到达分为两层,用一个固定端;国内旅客出发、到达混流,用另一个固定端(图 6 - 11)。

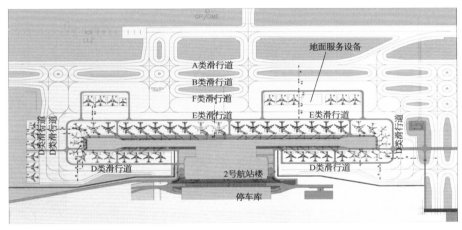

图 6 - 10　浦东国际机场 2 号航站楼的"可转换机位"

图 6 - 11　浦东国际机场 2 号航站楼可转换机位的固定端

在其他机场我们看见两个登机桥固定端时,一个是出发,另一个是到达。在浦东国际机场2号航站楼我们看到的两个固定端,一个是国际,另一个是国内;国际航线的出发、到达用的是一个固定端。国内线出发到达混流,用另一个固定端。这样一来,国际、国内两个固定端所共用的那个机位,就可以在国际高峰时供国际航班用,而在国内高峰时供国内航班用了。浦东国际机场2号航站楼首先使用了这种"三层式"的结构,这在国内外都是第一次,现在也是不多见的。这26个可转换机位在正常使用后非常受航空公司欢迎,且这种可转换机位的年旅客处理量会比不可转换机位翻倍,站坪的使用效率大大提高了。所以,在浦东国际机场卫星厅工程的规划设计中,在基地航空公司的一再要求下,我们就在卫星厅中规划设计了40个这种可转换机位。在卫星厅的剖面设计中依然采用的是三层式航站楼方案,但它的国际到达层放在国内混流层的下面(图6-12,黄色实线为国际出发、蓝色虚线为国际到达、红色实线为国内混流)。这种布置比2号航站楼的"三层式"方案更加经济合理。

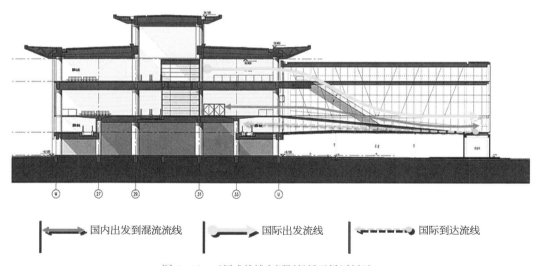

国内出发到混流流线　　国际出发流线　　国际到达流线

图6-12　三层式的浦东国际机场卫星厅剖面

站坪规划是按可研报告的预测机型构成来布置的。但是,机场运行期间机型的构成关系实际上是动态的。一般情况下,大型机场刚开始的时候小飞机比较多,后面机型会逐步变大。以虹桥国际机场为例,在扩建工程完成初期,C类飞机占到70%左右,但是航班时刻资源是有限的,很快就到了极限。如果要提高虹桥国际机场的运送量,只能是改用大机型,飞虹桥用小

飞机就不合适了。近两年来虹桥国际机场的航班量没有增加,但旅客量还在增加,就是因为飞机越换越大了。这样一来,机场原来的站坪机型组合就不对了,原来有 70% 的 C 类飞机,现在就变成 60% 了,甚至是 50% 都是 E 类飞机了。这就要求我们对机位进行调整。如果我们在站坪规划建设的时候没有这方面的预先考虑,调整起来就很困难。于是,我们就可以规划把两个小飞机的机位变成一个大飞机的机位方案,或者把三个小飞机的机位变成两个大飞机的机位方案。例如,把 3C 机位变成 2E 的机位,把 1D2C 或者 2D1C 变成 2E 机位。同样的机坪空间就可以有四种机位组合(图 6 - 13)。这样,只需要加少量固定端就可以大大提高机坪资源使用率和土地使用率。

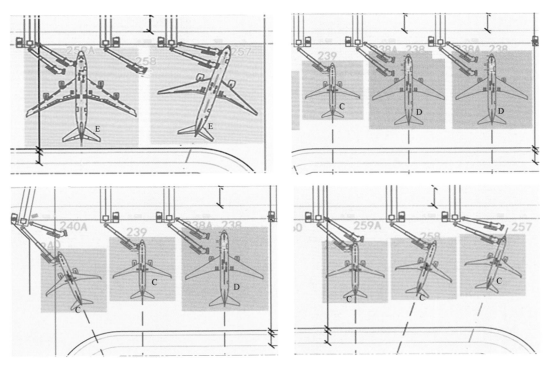

图 6 - 13　组合机位的四种组合方案

　　我们在浦东国际机场卫星厅规划设计中规划布置了大量这种组合机位和可转换机位(图 6 - 14)。其实,如果进一步提高管理水平,我们还可以在运行期间根据需要随时调整这些组合机位的使用模式。

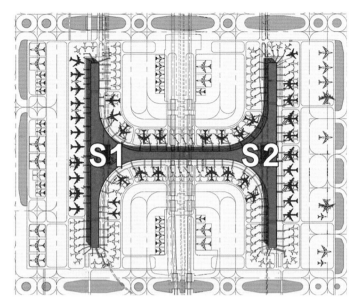

图 6-14　浦东国际机场卫星厅的可转换机位与组合机位

41. 旅客中转流程的规划设计

浦东国际机场旅客中转流程的规划设计经历了三个阶段。

第一阶段是一期工程时,我们没有给予旅客中转流程足够的重视,基本上只是做到了中转旅客"走得通",中转设施"可以用"。一期工程投运以后,中转旅客少,用得也不好。

第二阶段是二期工程中,我们对 2 号航站楼的旅客中转流程做了非常细致的研究,规划建设了当时国内首屈一指的旅客中转厅(图 6-15)。

国际中转国内的旅客与国际到达旅客一起到达联检区后,通过检验检疫健康申报、入境边检进入行李提取厅。根据不同航空公司航班及目的地的要求,提取行李或不提取行李,经过为中转旅客专设的动植物检验检疫、海关入境柜台后,进入中转厅,前往值机柜台办理再登机手续,并由此经过安检进入国内出发候机指廊,汇入国内出发旅客流(图 6-15)。

国内中转国际的旅客与国内到达旅客一起到达行李提取厅后,根据不同航空公司航班及始发地的要求,采取提取行李或不提取行李,经过为中转旅客专设的海关出境柜台后,进入中

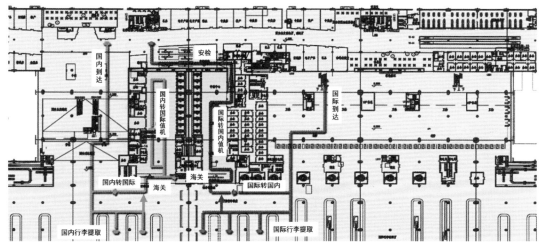

图 6 - 15　2 号航站楼的旅客中转厅

转厅,前往值机柜台办理再值机手续,并由此经自动扶梯或电梯上至国际出发边检前汇入国际出发旅客流(图 6 - 15)。

　　国际中转国际的旅客从国际航班转往另一国际航班的中转旅客应到位于 8.40 m 的国际到港通道层中部的中转处办理登机牌,领取登机牌后,通过专用自动扶梯或电梯上行,至 13.60 m层的边检专用柜台同台办理边检手续,后至国际出发安检口前汇入一般国际出发旅客流。

　　国内中转国内的旅客在 4.20 m 的国内混流层,各自到就近的中转柜台办理登机牌后,汇入一般国内出发旅客流。

　　第三阶段开始于 2013 年,在 1 号航站楼大改造的时候,我们完全针对基地航空公司东航的中转需要,对 1 号航站楼进行了一次彻底的改造。我们利用 1 号航站楼原主楼与候机长廊之间的庭院,在 6.0 m 层做了一个中转厅,围绕这个中转厅组织了与上述 2 号航站楼中转厅类似的旅客中转流程。不同的是结合基地航空公司的中转旅客的中转行李可以由航空公司代理过关的特点,增加了一个较大的“中转旅客待检厅”(图 6 - 16)。

　　在 2 号航站楼规划建设和 1 号航站楼改造中,我们都是最大限度地利用航站楼主楼内的直达旅客的出发、到达的设施设备。卫星厅规划建设时,我们完全采用了 1 号航站楼改造时的思路。只是因为卫星厅远离航站楼主楼,主楼内直达出发到达旅客用的设施设备不能共用,我们才不得不在卫星厅内全部备齐了相关口岸设施和安检设施(图 6 - 17)。

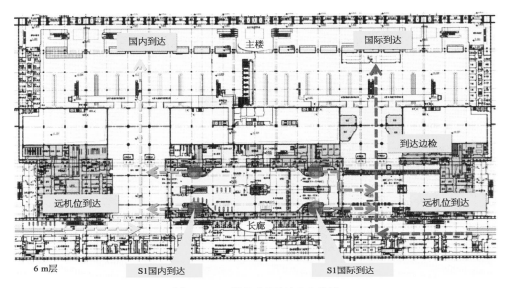

图 6 - 16 1 号航站楼的旅客中转厅

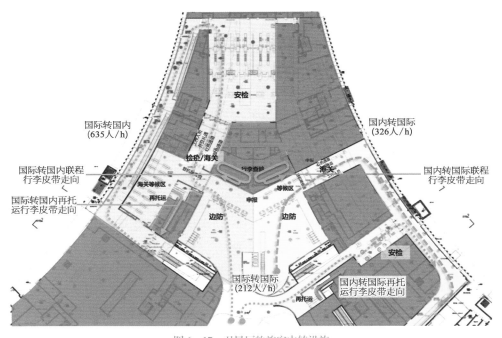

图 6 - 17 卫星厅的旅客中转设施

从以上可以看出,随着浦东国际机场枢纽建设的加快,我们对旅客中转流程及其设施设备的规划认识是在不断提高的。现在我们基本上能够熟练地掌握旅客中转流程的规划建设和运营管理。但是,随着旅客中转量的提高,不同航空公司、不同联盟对旅客中转设施设备的要求也在不断变化。因此,我们必须持续地关注基地航空公司的中转需求和口岸机构的监管要求。

我们还需要努力为所有在浦东国际机场中转的旅客都提供便捷服务。只有当我们在浦东国际机场为那些在不同联盟之间中转的旅客,也能够提供非常便捷的服务的时候,我们才能说我们的枢纽建设大功告成了。

42. 航站楼综合体

航站楼综合体的概念分三个层面,对应三个不同的发展阶段。一是航站楼功能的多样化、商业服务功能的强化;二是航站楼主楼与门前的综合交通设施整合;三是商业服务功能与交通功能的进一步强化,而航站楼主楼功能弱化。

第一代航站楼综合体集成了航站楼功能和大规模的商业服务功能,以1号航站楼为代表。为了在1号航站楼内为旅客提供更多的商业服务,指挥部专门在国家批复的航站楼规模之外,又向上海市发展和改革委员会申报了6万 m^2 的商业服务面积。我们在1号航站楼的陆侧和空侧分别规划建设了一条商业街,成了当时国内机场航站楼规划设计理念的重大突破案例。

第二代航站楼综合体强调航站楼功能、综合交通枢纽功能和商业服务功能更大规模的集成。浦东国际机场的1号、2号航站楼和一体化交通中心共同组成的航站区设施群,就是典型代表。现在我国几乎所有机场航站楼综合体的规划建设都还处于这个阶段,同时大家又都在探索通往下一阶段发展的路径。

第三代航站楼综合体以智慧化为特征。由于"大数据""人工智能""移动互联""云计算"和"电子值机""身份识别""安检技术""物流技术"等技术和设备的发展,将会给机场航站楼带来革命性的变革(图6-18)。我们预测,未来的第三代机场航站楼综合体与现在的航站楼相比,将会产生以下变化:

(1) 航站楼主楼设施的规模将大幅度减少。今天我们引以为傲的、高大漂亮的航站楼主楼将会显得多余,需要我们动脑筋去发现它的新用途或改造它。

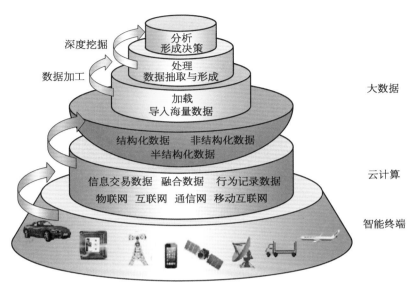

图6-18 大数据、云计算与智能终端

（2）支撑航站功能的工作人员将大幅度减少,剩下的工作人员将以后台工作为主,多数只是提供平台服务。

（3）商务设施、商业设施、服务设施的规模将会大幅度增加,新的商业模式或要求我们立足于新技术和互联网平台。

（4）以城市轨道交通为代表的大运量机场集疏运交通,将与航空器的登机口尽可能地直接对接,以保证旅客便捷地进出航站楼。随着机场旅客量和城市交通量的增加,如果想要便捷、可靠地到达和离开机场航站楼,最佳选择就是乘轨道交通进出机场。于是,大运量的城市轨道交通、城际铁路与航空器的高效对接就显得尤为重要和关键。这样就能够解决过去航站楼前车道边永远拥挤混乱的尴尬。

那么,第三代航站楼综合体到底是一种什么样的体验呢? 我们可以设想一下,在不远的将来,我们的航站楼体验也许是这样的:

出行前,我们会通过手机、电脑等设备在网上订购机票。订好机票后,你的智能手机会收到被推送来的停车位预约的信息和专车预约的信息。如果你准备自驾去机场,你就可以马上预定航站楼前的停车位,系统会给你预约离你的飞机最近的停车位。当然,你也可以预约专车上门接送你到机场。如果你是一位工作、生活计划周密的人,你还可以将自己的行李交给

专业快递,让他们在你指定的时间送到你预定好的旅馆的房间里(图 6 - 19)。

　　旅行当日,你会在手机上完成自助值机。如果你有需要托运的行李,还可以在家打印好行李牌。当你去机场的路上,你会收到关于你的航班的实时信息,你可以根据航班是否准点来调整你的安排。当然,你也可以悠闲地在线购物和订餐(图 6 - 19)。

　　到达机场后,智能导航会引导你到达预约好的车位。进入航站楼之后,智能向导会告诉你应该到哪里去提取你在线购得的商品,会告诉你到哪里去交托运行李,会告诉你到哪里去等待安检。当然,身份识别和安检都是自助的啦!

　　然后,你就可以悠闲地候机、用餐、购物,直至航空公司宣布开始登机。登机当然也是自助的(图 6 - 19)。

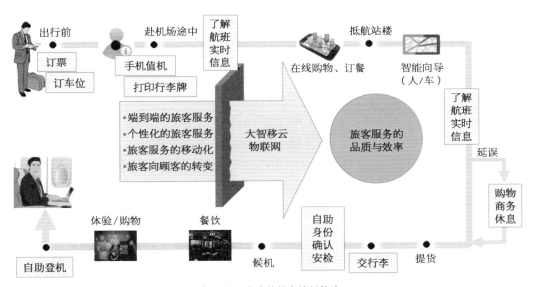

图 6 - 19　未来的航空旅行体验

　　同样,当你从其他城市飞来到达机场,从飞机上走出时,你就会收到推送来的信息,告诉你的行李在哪里提取。当你自助通过了一关三检和行李验证后,你会发现你约好的专车驾驶员已在迎客大厅等着你了。当然,你也可以自己去乘地铁或乘出租车回家。

　　你看,未来的航空旅行将不再是一场未知的"冒险",而是一次一切尽在掌控中的轻松"享受"。对照一下你过去的感受:拥挤的值机排队、烦琐的安全检查、反复的长时间排队、无趣超长的步行距离、不可预知的航班延误、托运行李的丢失等,你的旅行才刚刚开始就已经让你疲惫不堪,甚至是无助或绝望。与未来的航空旅行相比,你的确能体验到"冒险型旅行"与"享受型旅行"的巨大差异!

综上所述,未来航站楼将提供信息设备端到端的旅客服务,因此也就能够提供个性化的旅客服务;同时由于移动互联技术的支撑,航站楼内的旅客服务将移动化,使我们最终完成由旅客向顾客的转变。这一切变化虽然都基于互联网技术和大数据技术,但旅客服务模式的变化又促成了互联网技术和大数据技术的进一步发展,从而又保证了我们能够在航站楼内提供更加优质的旅客服务品质。

总之,**除了身份识别和安检以外,旅客流程上的各环节都将移至网上和智能设备,因此登机口应该与陆侧交通系统尽可能便捷地对接。**这才是真正的第三代航站楼综合体。

43. 城市轨道交通制式的旅客捷运系统

自 2005 年起,上海机场建设指挥部与股份公司一道花了八年时间研究浦东国际机场旅客捷运系统的可行性,并优化方案,发表了多篇论文和调研报告。到 2014 年时,经过对胶轮系统与钢轮钢轨系统在需求、适应性、技术可靠性、舒适性、经济性、运营维护可靠性等多个方面的定量、定性比较分析后,我们基本上确定了采用城市轨道交通制式。这也使浦东国际机场成为世界上首个在机场旅客捷运系统中,采用(钢轮钢轨+第三轨供电)城市轨道交通制式的机场。

我们的研究聚焦在运营需求与制式选择两个方面,发现机场旅客捷运系统的特征体现在以下几个方面:

(1) 可靠性。机场空侧旅客捷运系统会直接影响航站区的运行,必须具备非常高的可靠性。我们可以从技术方面保障系统的可靠性:选择成熟稳定的技术制式;在保证机场流程需求的前提下,尽可能制订简单的运行方案;系统方案配置考虑足够的可维护性,特别重视"边运行,边维护"的实施可能性。我们还可以从建设运营机制方面保障系统的可靠性:引入专业的建设、运维管理机构提供保障;建立应急预案,将旅客捷运系统可能"瘫痪"的小概率事件的影响降至最低。

(2) 24 h 运行。大型枢纽机场都是 24 h 运行的,再加上世界航空网络运行的需要,要求机场具备 24 h 运行能力,包括所有人员和设施设备。旅客捷运系统是其中的核心设施。除此之外,根据目前国内外经验,航空客运市场需要拓宽航班起降时段,各种因素导致离港或到港的航班延误情况也时有发生。因此,空侧旅客捷运系统必须具备 24 h 运行的保障能力。这对机场旅客捷运系统的配置方案、运行维护模式等都提出了新要求。因此,维护时采用的穿梭运行模式往往总是旅客捷运系统的运行模式之一。

(3) 空防安全。机场空侧旅客捷运系统必须严格满足机场统一的空防管理要求。既要充分利用机场已有的空防设施;又要按照机场空防管控要求,配置旅客捷运系统自己专用的空防安全设施设备及管理机制。

(4) 不收费。机场空侧旅客捷运系统是没有票务收入的,因此无法平衡运行维护成本。这就需要在规划阶段开始,就要树立成本控制理念,以运营为导向,确定合理的项目全生命周期成本控制目标,就要研究如何最大限度地简化捷运系统配置规模,以降低建设和运营成本。由于不再区分付费区与非付费区,车站设施需求也得以压缩,一般不再设置专门的站厅层。

(5) 服务水平。机场服务水平评价指标主要有时间类和空间类。时间类服务指标需要区分不同流程的时间控制目标要求,综合各种流程,找到控制性的流程总时间目标值。而空间服务指标是从舒适性角度,考虑如何控制车站、车厢的乘客密度,要避免乘坐机场旅客捷运系统有"挤地铁"的感受,一般需要满足国际民航组织确定的 B 级或 C 级服务标准。我们建议每平方米 3~5 人。

由于机场旅客捷运系统的上述特点,虽然浦东国际机场采用了城市轨道交通制式,但完全采用城市轨道交通的规划思路和技术规范是难以适应浦东国际机场规划需要的。国内目前有比较完善的城市轨道交通技术标准、规划体系,但机场旅客捷运系统规划不可以直接执行或采用其规范,需要我们根据机场的实际使用环境制订符合民航要求的"机场旅客捷运系统规划设计规范"。通过浦东国际机场旅客捷运系统的规划建设,我们为民航局提供了《民用机场空侧旅客捷运系统(钢轮钢轨制式)建设指南》。

浦东国际机场旅客捷运系统线路总长约 8 km,设 T1、S1、T2、S2 和 T3 预留站共 5 座车站和一个车辆基地(图 6 - 20 和图 6 - 21),工程总投资约 20 亿元。按照浦东国际机场的规划布局,分西线和东线两条线独立运营,西线连接 T1 和 S1,东线连接 T2 和 S2。西线、东线通过联络线接入车辆基地。列车 4 节编组,采用 A 型车三轨供电制式,设计速度为 80 km/h。最小行车间隔 3~4 min,24 h 无间断运营。这些充分体现了城市轨道交通 A 型车的安全性、稳定性、舒适性、经济性及大容量等特点。(参见《机场旅客捷运系统规划》,上海科学技术出版社 2015 年出版)

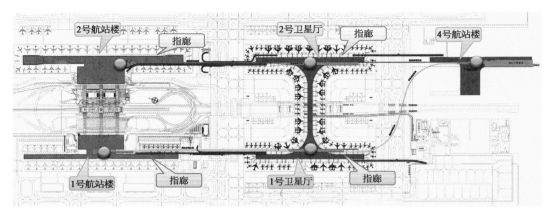

图 6 - 20　浦东国际机场旅客捷运系统规划

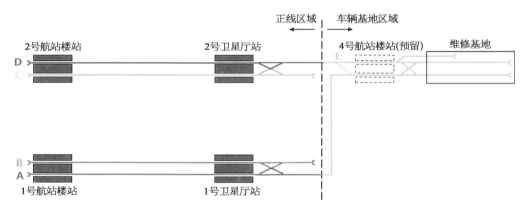

图 6 - 21　浦东国际机场旅客捷运系统

　　在运行控制方面,我们做了许多开创性的工作。我们采用的国产信号系统支持正线存车功能,即根据时刻表和人工办理的列车进路,列车以无人全自动的方式送进存车区域休眠,以及唤醒后自动驶入正线服务站台,这样不仅提高发车效率,更减少运营维护的劳动强度,同时还解决了机场常见的安全防护距离短(仅 18.3 m,包含 6.5 m 的活动车挡)的难题,实现了短时间进站及精确对位停车。另外,虽然我们在系统上是按全自动无人驾驶的方案来设计的,但从机场运营角度的安全性来考虑,为确保运行效率和系统的可靠度和可维护性,最后我们采用了有人值守的自动穿梭模式。即使在系统维护时也能够保证足够的运行能力。

　　在浦东国际机场旅客捷运系统的研究中,我们发现系统的运能将会是未来中国机场关注的重点。我们国内机场的旅客量都很巨大，加上卫星厅的大型化趋势；今后其断面单向高峰客流量都会较大（香港机场已经达到7 000人），再加上飞机集中到达的瞬间冲击量的考虑，我们建议在规划设计中一定要计算"一刻钟高峰旅客量"，而不是城市轨道交通用的"高峰小时旅客量"。还要充分考虑旅客舒适度要求，车厢内的"每平方米旅客数"也不能太高。

另外，关于旅客最关心的舒适度问题，我们也做了非常细致的研究。我们发现当轨道线路为直线时，胶轮系统与钢轮钢轨系统的震动和噪声几乎没有差别。我们在首都机场和上海轨道交通10号线实测的数据显示，钢轮钢轨甚至还优于胶轮系统，因为胶轮系统的轨道震动大于钢轮钢轨系统。

44. 长时停车楼

长时停车设施是国内外大、中型机场的标配。但是多数机场是利用跑道端头的高噪声区域，对地面做简单处理后作为停车场出租。这种停车方式的最大优点是成本低，问题是停车场摊得太大（土地浪费），需要摆渡车逐处收集旅客和工作人员，使用不方便。浦东国际机场利用东工作区闲置的部分土地，也采用了这种方式。但随着长时停车量的增加，问题就慢慢地变得严重起来了。

随着旅客消费模式的变化，旅客自驾来机场，乘机前将车停在机场车库内，出差几天后回来，再自驾离开机场的旅客越来越多。特别是在节假日，这种需求特别旺盛。这样一来，浦东国际机场一体化交通中心的4 000多个停车位就远远不能满足需求了。每逢节假日，机场内的所有空地、道路等凡是可以停车的空间都停满了车。机场周围地区的农民也做起了停车生意。停车管理非常困难。于是，在三期工程中，我们就提出了在旅客航站区北侧规划建设长时停车楼的可行性研究报告，并得到了正式批准。

该长时停车楼位于航站区北侧，东工作区南端，分为四个段元，可提供近6 000个停车位（图6-22）。长时停车楼与主进场路无缝、无红绿灯对接，方便旅客使用。同时，在1号、2号航站楼与长时停车楼之间，机场为旅客和工作人员提供免费摆渡车服务，形成一个三处六站的摆渡巴士线路。今后还可提供无人驾驶电动小车的定制服务。为缓解一体化交通中心停车楼的压力，长时停车楼实行差异化收费政策，鼓励停车时间长的旅客停到长时停车楼来。

由于长时停车楼的规模只有在节假日才会被用足，于是问题就来了：平日不就是被空置的吗？事实是三期工程之初，在我们做的项目策划中，东工作区开发与三期工程是同步进行

图 6 - 22　位于浦东国际机场东工作区的长时停车楼

的,东工作区开发是为三期工程筹资的。如果东工作区开发到一定程度,在东工作区就业的人口就会有较大的停车需求。而这个需求与机场航站楼旅客的停车需求正好是错开的。即平日停车需求较大,节假日停车需求较小。

因此,浦东国际机场东工作区已经建成的长时停车楼的价值,只能是在东工作区建设完成后才会表现出来。现在只作为旅客航站楼的长时停车楼使用,只是在节假日才会有较大的需求,而在平日停车楼的能力就会有一定程度的放空。一旦东工作区开发完成,就会出现长时停车楼平日里为东工作区就业人员提供停车服务为主,节假日东工作区的就业人员休假了,航空旅客量增加,长时停车楼为航站楼旅客服务为主的局面。那时才能相得益彰!

□ **本章感言** □

对于机场规划来说,总体规划的结构布局和土地使用规划完成后,就要开始关心机场运营所必需的最核心、最关键的生产运营设施了。

机场虽然大、复杂,但关键设施并不多。它们就是跑道、旅客行李处理系统、机场运行信

息系统、站坪机位、旅客捷运系统、中转设施、车道边与停车设施等。在这些关键设施中,跑道和旅客行李处理系统又是最核心的设施。一般情况下,只要跑道和行李系统运行正常,机场就不会出全局性的大事。

我们可以把这些核心设施分为两类:一类是土建类基础设施;另一类是系统设备。土建类基础设施生命周期长,是所谓的百年大计,应该特别注意质量,应该舍得投入,要为减少未来的维修维护的工作量、减少未来的不停航施工等多做点实事。对于系统和设备,要特别注意研究其产品的特性。它们中绝大多数生命周期短,一定要匹配好市场需求和机场运营的实际情况。要特别注意枢纽机场"24 h×365 天"不间断运营的特点和高可靠性的要求。特别是必须要最大限度地管控好投资。初期投入巨大的项目都不是好的投资项目。

总之,一定要研究透功能需求,匹配好设施设备的价值。永远都要记住**最简洁的就是最可靠的、最有效的**。系统越复杂,越容易出错、越效率低下。

第 7 章

如果说空侧航线网络的节点是航站楼，那么陆侧综合交通网络的节点就是航站楼前的综合交通枢纽。综合交通枢纽与旅客航站楼一样需要我们精心规划、细心设计。浦东国际机场的发展历程还告诉我们，航站楼主楼弱化、航站楼与综合交通枢纽的一体化是必然趋势。

综合交通系统的规划

浦东国际机场的集疏运系统从一开始就是客货分离的。其旅客集疏运道路系统完整封闭,且与城市快速道路系统实现了良好对接。浦东国际机场的铁路、磁浮和轨道交通系统规划一直很稳定,但在工程实施上总是慢一拍,不能令人满意。其实,这也符合市场规律,等到市场规模超过了已有设施的设计能力之后,再启动浦东国际机场交通配套设施的扩建其实有其合理的一面。

航站楼前的综合交通枢纽是浦东国际机场陆侧集疏运系统的关键节点,它的形成经历了20年的风风雨雨。直到近几年,我们才最终形成了综合交通枢纽规划的基本理论和方法。浦东国际机场的一体化综合交通枢纽,为后来的虹桥综合交通枢纽积累了大量经验教训,奠定了理论基础,并成了我在综合交通枢纽规划建设方面探索实践的"中试产品"。

然而,综合交通系统的规划建设还远不止枢纽本身,整个陆侧集疏运系统都应该是我们规划建设的任务。过去,我们民航对这一块重视不够,投入太少。我们在浦东国际机场规划建设的20多年间,做了许多研究和探索。除了一体化交通中心外,浦东国际机场在道路与轨道交通、多式联运、机场快线、出租车系统、空侧道路系统,以及陆侧交通系统的信息化建设等方面,都积累了丰富的经验和教训。

45. 一体化交通中心

虽然从浦东国际机场一期工程开始,规划图上的1号、2号航站楼之间就是由三条连廊连接在一起的,但是真正的"一体化交通中心"的理念和实践,还是在二期工程的规划设计中逐步形成并完成的。在2号航站楼国际方案征集中,有两个方案(图1-7和图1-8中的K方案和H方案)都不同程度地提出和描述了1号、2号航站楼之间的交通规划设计思路,都提出了类似于将停车库等设施与1号、2号航站楼设计在"一个屋檐下"的想法。

在随后的二期工程航站区方案优化和初步设计展开之前,我组织一个课题组调查研究了世界上 10 多个大型枢纽机场航站楼前的交通解决方案,明确提出了在浦东国际机场规划建设一个一体化交通中心的要求。并投入巨资组织了由同济大学牵头的课题组,与上海市综合交通规划研究所和各有关设计单位共同研究了"一体化交通中心的理念和实践""浦东国际机场一体化交通中心项目策划""浦东国际机场一体化交通中心的信息系统集成"等一系列针对性很强的应用研究课题。这些课题还获得了科技部、上海市科委的大力支持,浦东国际机场一体化交通中心还被科技部选定为 2008 年度的交通工程示范项目,引起了全国交通界的广泛瞩目,吸引了众多的领导和专家前来参观指导。

　　浦东国际机场的一体化交通中心位于 1 号、2 号航站楼之间,由位于地面层以上 6 m 标高的"三纵三横"六个廊道将三个航站楼主楼联系在一起。其楼上的 13 m 层是旅客出发层,与出发道路相接;其楼下的 0 m 层是各种车辆的车道边,包括公交车、长途车、出租车,以及各种社会车辆,而且轨道交通和磁浮的站台也位于该层,其站台位于地面层(图 7-1)。如此布局

图 7-1　浦东国际机场一体化交通中心剖面示意

的最大好处是做到了彻底的"人车分离",所有旅客都在 6 m 层步行,该层没有任何车辆。这样布局还带来了"多车道边"的好处,与连接两个航站楼主楼的三个连廊垂直,我们布置了总计 13 个车道边。丰富的车道边资源使我们有可能让不同的交通方式都有自己的专用车道边(图 7 - 2)。这也为旅客识别、使用和运行管理都提供了极大的方便。这样布局同时还极大地提高了交通中心的环境舒适度,为商业、服务设施和部分航站楼功能设施的进驻提供了可能性(图 7 - 3)。

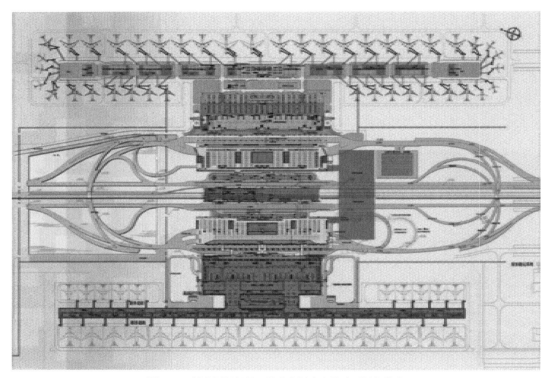

图 7 - 2　浦东国际机场一体化交通中心的地面层车道边

　　随着信息技术的高速发展和国民生活水平的不断提高,旅客自助值机、手机值机的比例不断上升,国内旅客的托运行李越来越少。到三期工程时,我们已经认识到第三航站楼主楼已经没有必要,于是我们就在原规划的 3 号航站楼的地方规划建设了两个旅客过夜用房(图7 - 4)。2004 版的浦东国际机场总体规划将 1997 版的四个航站楼改成了三个航站楼主楼,后来三期工程时,我们又将三个航站楼主楼改成了两个航站楼主楼。航站楼主楼减少带来的最大问题就是陆侧车道边的不足。一体化交通中心提供了多车道边的方案,从而很好地解决了

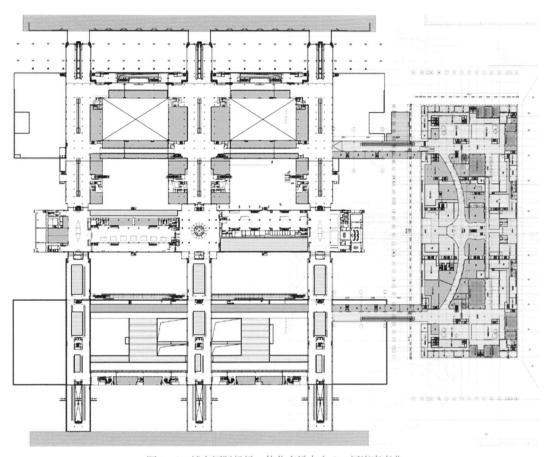

图 7-3　浦东国际机场一体化交通中心 6 m 层连廊商业

这个问题,它提供了 13 个长度超过 400 m 的、独立的车道边,使每年 8 000 万人次旅客量的进出成为可能,而且能够井然有序。随后,我们发现车道边多了之后就必须人车分离,否则多车道边就没有效率。

综上所述,在一体化交通中心的探索实践中,我们总结的经验就是:必须"多出入口、多车道边",还必须"人车分离"。

浦东国际机场一体化交通中心的建成,还极大地鼓舞了我进一步加快推动虹桥综合交通枢纽规划建设的决心和信心。自 2003 年我向上海市政府提出"建设虹桥枢纽、服务区域经济"的咨询报告之后,引起了业内外的广泛关注。但是业界意见并不统一,经过几年的争论和

图 7 - 4　浦东国际机场 一体化交通中心模型

研讨,2006 年,虹桥综合交通枢纽的问题被再次摆在了上海市政府决策层的桌面上。那个时候,浦东国际机场一体化交通中心规划建设的经验教训,使我的发言更加自信,且具有了说服力。实际上,浦东国际机场的一体化交通中心,可以看作是虹桥综合交通枢纽规划建设前的一次实验,也是我所研究的综合交通枢纽理论的一次"中试"。

46. 客货分离、快慢分离、公交优先

我们民航人两只眼睛总是盯住天上的航路网络的规划设计,很少关心机场的地面集疏运系统的规划建设,或者认为那是地方政府的事,也有人认为那不过是修路架桥,很简单的事。其实,这是非常严重的认识错误。一方面,旅客的出行是一个完整的链条,如果我们只提供这个链条中的一部分服务,那就不是一个有竞争力的产品,最后就将损失我们民航的市场。另一方面,现代城市中旅客的出行必然是多种交通方式的组合,飞机再快也不能解决出发地到目的地之间的所有交通问题,一天往返能够走多远很大程度上还取决于地面集疏运系统(图3-9)。而对于城市和地区经济发展来说,总是希望机场综合交通系统能够最大限度地拓展

这个"一日交通圈",因为一日交通圈有多大,该中心城市的经济腹地就有多大。所谓一日交通圈就是旅客早上离家,到市外某地工作,完成后晚上还能回家的出行所能覆盖的区域。

机场集疏运系统是一个集大成的东西,多种交通方式集聚在机场,对于交通规划来说是一个巨大的考验,特别是大型枢纽机场,问题更大、课题更多。对于浦东国际机场集疏运系统的认识,我们经历了三个阶段。

第一阶段的特征是以道路为集疏运主体。从浦东国际机场一期工程开始,我们就确立了客货分离、快慢分离的道路交通规划设计与建设运营的原则,并为浦东国际机场后来的发展预留了充足的道路交通集疏运能力。这为浦东国际机场后来 20 多年的客货运输提供了良好的基础设施保障。浦东国际机场的道路系统如图 7-5 所示。

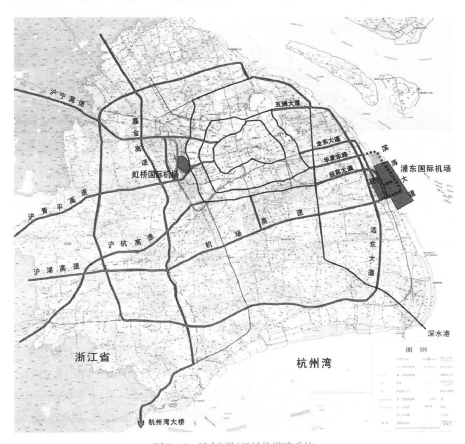

图 7-5 浦东国际机场的道路系统

第二阶段的特征是开始重视公共交通的作用。在二期工程的前期研究中,我们认识到了像浦东国际机场这样的超大型机场,必须大幅度提高大运量公共交通系统占总运输量的比例。因此,我们确立了公交优先、轨道为主,大力发展磁浮、铁路运输的规划设计和运营管理的原则。浦东国际机场的轨道与铁路系统如图7-6所示。

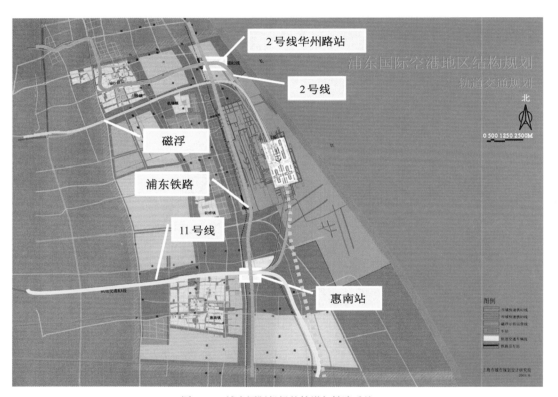

图7-6　浦东国际机场的轨道与铁路系统

第三阶段的特征是重视运输组织、重视运营管理。虹桥综合交通枢纽工程投运之后,我们开始关注在浦东国际机场建立全面的旅客集疏运系统,为不同的旅客提供不同的机场集疏运产品。我们确立并大力推进了"发展客货多式联运"的发展战略,浦东国际机场的旅客多式联运也逐步发展起来了(图7-7)。

图 7 - 7　浦东国际机场的旅客多式联运

47. 上海机场快线之痛

浦东国际机场一期工程中,我们使用了约 300 亿日元的日本海外经济协力基金(the Overseas Economic Cooperation Fund, OECF)贷款,我们的实际使用率达到了 98%,且被投诉率极低、投诉成功率为零。这在当时是非常难得的,证明了我们指挥部高超的项目管理水平。为此,日本海外经济协力基金愿意为浦东国际机场的机场专线提供一笔新的贷款。于是,我们就以东京羽田国际机场的独轨电车为基础背景,编制了从浦东国际机场到上海市中心的"上海机场快线项目可行性研究报告",并上报给了国家发展和改革委员会。但是,久等之后的消息让我们大吃一惊:请上海在所报机场快线的基础上,立即启动磁浮示范线工程可行性研究!

原来,为解决多年的高铁与磁浮之

图 7 - 8　上海磁浮交通示范线

争,国家需要建一条磁浮示范线以证明磁浮交通的可行性和适应性。而这条磁浮示范线正好看上了我们上报的这条机场快线的选线和相关环境条件。于是,作为机场快线的磁浮示范线在 2000 年下半年启动了规划设计。我作为该项目的副总指挥和总工程师,全程参与了这条令世界瞩目的磁浮示范线的规划建设工程。经过 22 个月的艰苦奋战,我们通过高密度的科技创新,高水平地完成了磁浮示范线工程,获得了国家科技进步奖。磁浮示范线(图 7 - 8)在 2002 年底顺利通车,从龙阳路站到浦东国际机场站 30 km 的路程只需要不到 8 min 的时间,给了机场旅客一个很好的体验。

不仅如此,磁浮示范线还成了国内外旅客的观光热点,与浦东国际机场一道成了上海改革开放的窗口。从它投运的那一天开始就承担着每天 1 万人次以上的旅客量。上海磁浮列车示范运营线自 2002 年 12 月 31 日成功实现单线通车试运营至今,经历了暴雨、台风、高温、大雪等恶劣天气的考验,未发生任何人员伤亡事故,兑现率保持在 99.9%以上,正点率保持在 99.8%以上。图 7 - 9 所示为上海磁浮的第 5 000 万名乘客。

但是很遗憾,这条磁浮示范线没有按最初的设想连接人民广场与浦东国际机场,更没有按规划连接虹桥和浦东国际机场。因此,它既不是我们所期待的机场联络线,也不能算是一条合格的机场快线。

图 7 - 9 上海磁浮第 5 000 万名乘客

磁浮示范线开通以后,我们就开展了磁浮机场快线的可行性研究工作。规划中的这条磁浮机场快线经世博会址、上海南站后直达虹桥综合交通枢纽,全程约 60 km,磁浮运行 24 min (图 7-10 中的深蓝色线路),是一个非常理想的解决方案。但是该方案命运坎坷,错过了一次又一次的机会,一直搁置至今!

图 7-10 上海两场轨道系统联络线

磁浮机场快线搁置以后,上海两场的航空旅客量一直增长迅速,特别是虹桥综合交通枢纽投运后,利用沪宁沪杭铁路客专、来自长三角的航空旅客不断增加,对两场间的快速轨道需求越来越强烈。同时,由于天气原因引起的两场间航班备降和航班转场时,都必须让全市公共交通运输进入紧急状态,必须调动几乎全市可以调动的大巴车,即使这样也还是非常困难,因此没有大运量的快速交通系统是不可能从根本上解决问题的。尽管已有轨道交通 2 号线连接两场,但单程运行时间近 2 h,而且途经市中心,非常拥挤,完全没法为航空旅客,特别是大量从长三角地区乘高铁来虹桥综合交通枢纽,再去浦东国际机场的旅客提供所需的相应服务。

为了能够尽快地用大运量轨道系统连接两场,我们做了各种制式的、无数的机场快线方案,经历了反反复复的欣喜和失望。终于在 2016 年 10 月,上海市推出了作为两机场联络线的铁路机场快线方案。该方案从虹桥综合交通枢纽出发,在周浦、迪斯尼、浦东国际机场等地设站后,进入位于浦东国际机场西侧的上海东站铁路枢纽(图7-10中的红色虚线)。

有了这条铁路机场快线之后,不仅能为两场及沿线的航空旅客提供了优质的轨道系统服务,它还能够让沪宁、沪杭城际线上的列车直接开进浦东国际机场。这可是件大好事,只要1 h或0.5 h从沪宁、沪杭城际线上各开通一列车进浦东国际机场,长三角的航空旅客就可以省去在虹桥综合交通枢纽的换乘,实现一车直达浦东国际机场。这对于拓展浦东国际机场的国际旅客市场,提高浦东国际机场的旅客服务水平都是非常重要的,同时也是我们开展空铁联运所必需的、非常好的硬件平台。

但是,该机场快线最大的遗憾是它在郊区绕行,不经过旅客量大的市中心区。综上所述,一条看起来并不困难的机场快线,20年来历经磨难却始终未能建成。也许是我们始终没有彻底认识到它的难度,也许是大家至今没有真正认识到它的重要性,又也许"它根本就不是必需的",更有可能是它命运不好、多次与大好的机遇擦肩而过!但无论如何,当今天上海航空枢纽的基础设施规划都已经完成之时,如此重要的两场快线却久拖不成,真的是上海航空枢纽之痛!试想一下:当一个南京方向的旅客乘1 h左右的高铁到达虹桥综合交通枢纽之后,他还要花2 h以上的时间挤地铁,或一路堵车去浦东国际机场乘飞机之时,他是一种什么感受?这难道不是我们扼腕的切肤之痛吗?

48. 旅客更加便捷登机的追求

随着"大数据""人工智能""移动互联""云计算"等信息技术和机场的"电子值机""身份识别""安检技术""物流技术"等新技术的快速发展,除了安检和身份识别外的各种机场旅客流程都被移至互联网上。旅客可以在互联网上办理好其他手续,于是旅客需要更加便捷的登机流程。

浦东国际机场总体规划(2004版)是想在1号、2号航站楼之间形成一个集磁浮、轨道交通、公交巴士、长途巴士、出租车,以及各种社会车辆各种交通方式于一体的一体化交通中心。那时,我们对新技术及未来航站楼的发展模式的认识还不够,现在的航站楼已经发生了很多变化。首先,由于电子值机的比例大幅地提升,传统值机柜台不再需要那么多了,以前规划预留的3号航站楼主楼的功能已经不需要了。于是,我们在三期扩建工程中将预留的3号航站楼主楼调整为酒店和办公设施为主的综合体。其次,由于商业服务功能需求的不断提高,我们扩大了一体化交通中心的商业服务设施规模,并把两个航站楼之间的交通中心全部整合起来,做成了一个大的综合商业服务设施和综合交通设施的综合体,也就是一座集成了吃穿住行和商务活动的航空城(图 7 - 11)。

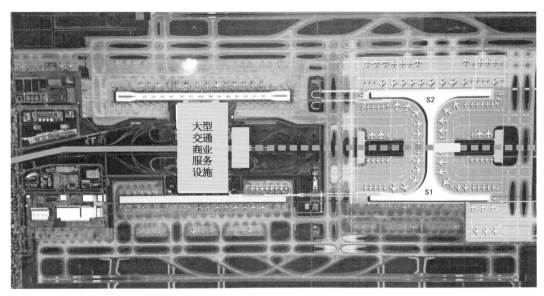

图 7 - 11　上海市轨道交通 2 号线与浦东国际机场卫星厅直接对接

　　针对自助值机旅客和无托运行李旅客量的增加,我们新一轮的浦东国际机场总体规划修订中,在轨道交通 2 号线南延伸段的卫星厅附近增设了一个专为卫星厅国内旅客服务的车站,无托运行李的旅客就可以直接从这个轨道交通车站接受安检,然后进入卫星厅登机了。该车站分站厅层和站台层,站台层主要供旅客搭乘轨道交通,站厅层既要有轨道交通的售检票设施,又要有机场航站楼的安检设施、自助值机设备等相关设施设备(图 7 - 12)。

　　这种利用已有轨道交通线路连接我们机场的航站设施,将一部分旅客直接送到候机厅的方案,不仅提高了机场的运营效率、缩短了旅客的步行距离,还减轻了机场空侧旅客捷运系统的压力,减少了机场航站楼的投资和运营成本。将来,国内很多航站楼的改造都可能会采用这种模式。因为按照现状机场航站楼的旅客流程,自助值机的旅客和无托运行李的旅客都会面临"原有流程不够便捷"的问题。

　　从另一个角度来看,就是未来航站楼的主楼不再需要那么大的面积,不再需要那么多的值机柜台,但需要机场航站楼有新的、简化的旅客流程。随着旅客自助值机、自助托运行李等

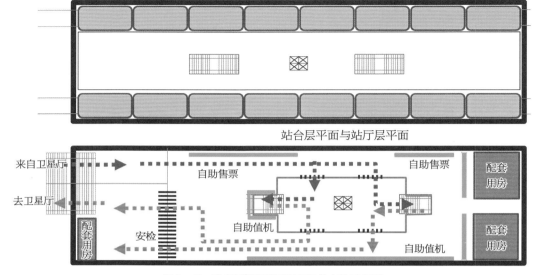

站台层平面与站厅层平面

图 7 - 12　浦东国际机场卫星厅地铁车站示意图

值机服务技术和设备的提升,未来航空公司和机场对旅客的信息推送将会更加及时、准确,航班晚点、取消这些信息都会及时通知旅客,旅客都能够准确把控自己的时间。因此,"航站楼陆侧的旅客集疏运系统与航空器尽可能地直接对接",肯定是航站楼发展的方向与目标之一。这将会给机场航站楼带来翻天覆地的变化。

49. 出租车的两级蓄车系统

　　如何让机场到港旅客便捷地乘上出租车,一直是我们大家头疼的问题。通常我们看到的都是:漫长的排队和混乱的上车,再加上难管的出租车司机。在浦东国际机场,我们建立了一个"两级蓄车、分区管理"的模式,取得了较好的效果。

　　所谓"两级蓄车"是指我们将出租车蓄车场分为两级,一级蓄车场是一个较大的出租车停车场,约可停 2 000 辆出租车。二级蓄车场是两个出租车调节池,分别位于 1 号航站楼门前车道边的地下一层,2 号航站楼的南侧,各有 200～300 个车位(图 7 - 13)。两级蓄车有三个好处:一是避免了在航站区占用过多的土地停车;二是出租车在航站区停留时间很短,保证了航站区的景观和门户形象;三是两级蓄车之间可以互相备份、相互支援。例如,浦东国际机场曾经发生出租车蓄车场驾驶员打架斗殴事件,使一级蓄车场瘫痪的重大事件。当时,我们关闭了一级蓄车场,只用二级蓄车场也支撑了出租车系统的运营。其实,如果问题发生在二级蓄车场,我们同样能够维持出租车系统的正常运营,不会对机场整体的运营造成大的影响。这其实就是"两级蓄车"的最大好处。

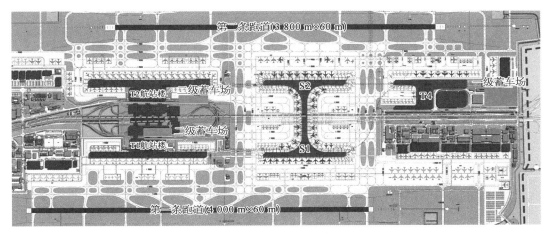

图 7-13　出租车的"两级蓄车"系统

按照我们对出租车接客系统的研究,我们在浦东国际机场将它分成了三个子系统:

(1) 出租车蓄车场。一级蓄车场布置在航站区最南面的道路立交以东,二级蓄车场布置在两个航站楼附近。蓄车场采用分车道熄火停车、分时逐个车道放行的方式蓄车,我们称为"梳形蓄车"。这种蓄车方式与"串联循环式"蓄车方式相比,有利于节能环保,使出租车驾驶员有一定时间休息,也有利于行车安全。另外,当蓄车量较大时,还应在蓄车场内设置适当规模的快餐设施、休息娱乐设施、卫生设施等。

(2) 从蓄车场到接客处之间的通道。根据我们多年对出租车运营管理的经验教训,应该尽量将该通道设计为封闭式、双车道专用系统。封闭式就可以大大减少该通道运营管理的工作量,而双通道则避免了单通道中一辆车故障就影响整个系统运行的问题。

(3) 出租车接客系统中最重要的部分,即接客处。在我们多年来对多种接客方式的进行了比较、研究之后,在 2 号航站楼门前,我们采用了"车辆分组斜停,旅客蛇形排队"的出租车接客方式(图 7-14),取得了比较好的效果。除了对上述出租车接客系统采取"系统封闭"之外,我们还对全系统运营实施了"全程监控",同时系统还保证了"适度冗余"和高度的"信息化",支撑了指挥、调度、管理、服务、统计等工作。

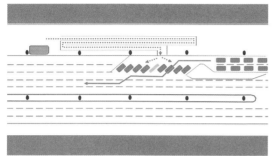

图 7 - 14 2 号航站楼出租车接客方式

50. 陆侧交通信息中心

浦东国际机场的一体化交通中心是 2008 年科技部确定的全国示范项目,而浦东国际机场交通中心的信息平台建设是该项目的核心之一。

任何一个综合交通信息平台的规划建设,首先都需要弄清楚它的功能定位和它与综合交通枢纽运营指挥体系的关系。在浦东国际机场一体化交通中心的规划建设中,我们经过反复研究讨论,并结合浦东国际机场体制改革的推进计划,首先确立了图 4 - 13 所示的浦东国际机场运营指挥体系,这样也就确立了交通信息中心(TIC)的定位,以及它与其他运营指挥中心的关系。

随着浦东国际机场第二、第三跑道,2 号航站楼和一体化交通中心的建成,浦东国际机场进入了多跑道、多航站楼运营的时代。为了满足多跑道、多航站楼运营的要求,我们提出了"区域化管理、专业化支撑"的转型目标。于是,以运营指挥平台("OC 平台")为代表的、新的运营指挥体系就应运而生了。在这个体系中,交通信息中心也就确立了自己的功能定位。交通信息中心就是要适时收集在浦东国际机场运营的所有交通方式的运营信息,以及上海市域内的相关交通信息,并在一个平台上处理后,根据不同需求统一发布和引导。

浦东国际机场的交通信息中心位于 1 号、2 号航站楼之间的一体化交通中心的二楼(图

7-15)。该处位于一体化交通中心中比较适中的位置,有利于各种陆侧交通信息系统的接入,也有利于相关管理人员的进出。

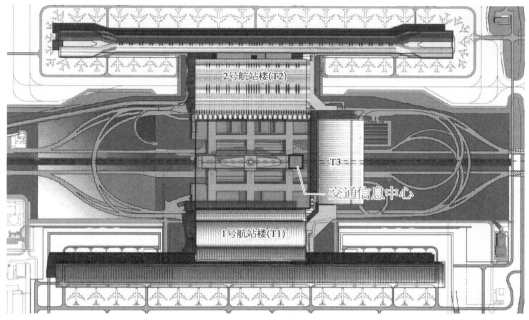

图 7-15 浦东国际机场交通信息中心位置

交通信息中心内为上海市客管处、执法大队、公安局交警支队、机场停车楼管理部门、交通监控运管部门,以及地铁、磁浮、出租车、空港巴士、公共巴士、长途巴士等各交通运营单位分配了席位(图 7-16)。大家在一起共同从事日常的运营管理和应急指挥工作,不仅共用了信息平台,而且还可以成为运行指挥中心,这样是最有利于信息沟通、提高效率和应急救援指挥的。

交通信息中心是浦东国际机场交通信息化的核心工程、枢纽工程。浦东国际机场交通信息工程还包括下述一些系统的规划建设:快速道路交通监控系统、地面道路路口控制系统、客流综合交通信息服务系统、停车库空位引导系统、闭路电视监控系统(closed-circuit television, CCTV)系统、广播系统、枢纽公共交通调度系统、出租车调度系统、智能交通系统(intelligent transportation system, ITS)、货运交通组织引导系统、枢纽旅客服务系统……(图 7-17)。

图7-16　浦东国际机场交通信息中心

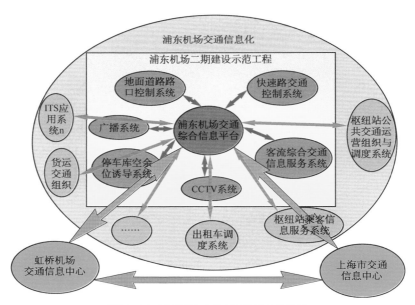

图7-17　浦东国际机场交通信息系统构造

　　浦东国际机场交通信息中心还与虹桥综合交通枢纽运营中心和上海市交通信息中心联网,互通信息,并在必要时互相调度资源。2014 年 1 月,春节假期的头几天浦东国际机场有大雾,我们就是利用这一平台在全市范围内调集大型巴士资源将旅客运至虹桥国际机场,从而保障了运输任务的完成。

　　在浦东国际机场交通信息中心的交通综合信息平台上,除了各种陆侧交通信息之外,还集成了机场地面道路路口控制系统、机场快速道路监控系统、停车库管理系统、机场电话问询系统、机场航班信息系统、气象信息系统等,并通过与上海市交通综合信息平台的联网,得到了上海市高速公路信息、高架道路信息、地面道路信息、城市公共交通信息、长途客运信息等(图 7 - 18)。

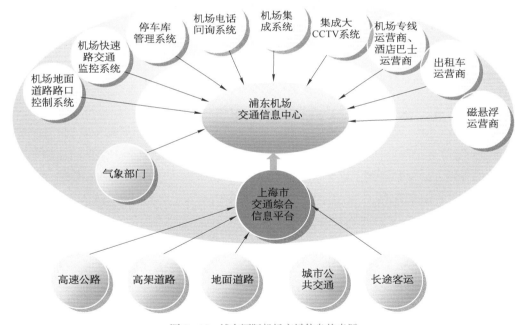

图 7 - 18　浦东国际机场交通信息的来源

　　通过交通信息中心,我们就可以将旅客需要的信息在旅客需要的时间和地点传送给他们。图 7 - 19 就是浦东国际机场 1 号航站楼到达厅内、行李提取厅出口处的旅客乘车信息屏,我们不仅提供了各种交通方式的运营时刻、线路,而且还提供了城市快速道路的运营实况(拥堵情况)供旅客参考。

51. 空侧货运与 GSE 通道

空侧道路是供机场地面服务设备(ground service equipment, GSE)使用的。大型机场由于其航班量增加,地面服务车辆也会大幅度增加,其空侧道路往往会出现拥挤和堵塞现象。对于像浦东国际机场这样航空货运量很大的机场,由于货运拖车对道路坡度和转弯半径的特殊要求,在规划设计中应该给予特别重视。

图 7-19　浦东国际机场交通信息显示屏

在欧美的机场规划中,一般在飞机的前后都设有 GSE 通道。我们在浦东国际机场的规划设计中也都沿用了这个设计,但我们在运行中很少用机尾的那条 GSE 通道。这是因为我们把机头的那条 GSE 通道做得太宽了,我们基本上保证了 30 m 左右的路幅,这样我们只用机头这一条 GSE 通道就基本够用了。同时,我们不用或少用机尾的那条 GSE 通道,还能最大限度地减少 GSE 与飞机的冲突,提高安全保障能力。因此,建议在以后的规划设计中,可以取消 E 类以下机型的机尾 GSE 通道,只为 E、F 类飞机提供机头、机尾两条 GSE 通道。

在空侧货运道路与 GSE 通道的规划设计中,要特别注意其与飞机滑行道的交叉问题。GSE 通道与飞机滑行道交叉时总是飞机优先的,因此当 GSE 交通量大到一定量时,就必须采用立交。这就要求在机场总体规划中,为未来建设立交做好空间上的预留,并为今后的施工留足必要的空间。

GSE 通道在浦东国际机场不仅在四处下穿了两组垂直联络道,还在航站区北端上跨

了主进场路,我们还规划了两条下穿跑道的 GSE 通道,主要供货运拖车使用(图 7 - 20)。现在,这两条下穿跑道的货运通道已经完成了预可行性研究工作,已经具备经济、技术和工程上的可行性。特别是西面的这个 GSE 通道,由于西货运区的发展壮大,其必要性已经无人质疑,大家已经达成共识:应该尽快启动。现在西货运区与航站区之间的货运拖车从跑道端头绕行,距离太长,广为诟病,对货物中转非常不利。过去,每次谈到下穿通道都会被两条理由否决:一是技术上的"沉降问题";二是经济上的"需求不足"。现在来看,浦东国际机场这两条都已经不能成为否决的理由了。应该抓紧启动了!

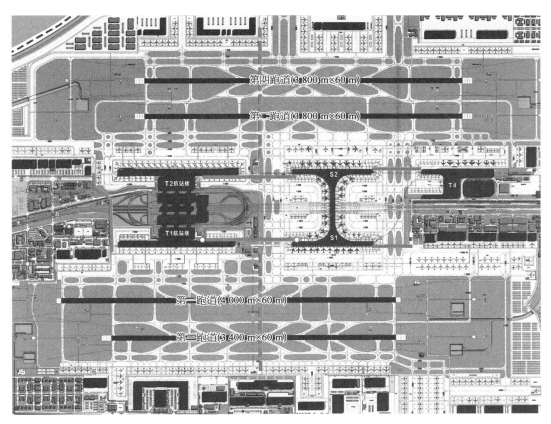

图 7 - 20　浦东国际机场的 GSE 专用立体通道规划

◦ 本章感言 ◦

多数机场的集疏运系统都是落后于机场运输量发展的,这是因为人们把机场仅仅当作一个为城市服务的交通设施。如果仅仅把机场看作一个交通基础设施,是没有必要提前投入地面交通资源的。只有当地方政府把机场当作城市经济发展的火车头,希望用机场的发展来带动城市经济发展时,才会提前对机场以及机场的地面集疏运设施进行投入。当然,过度超前又会造成投资浪费,是我们要尽力回避的。因此,"适度"是关键词。

机场综合交通系统可以认为由网络和枢纽两部分组成,枢纽是关键。枢纽规划设计的关键词是"一体化""可持续""信息化",以及"人车分离""客货分离""多车道边"等。把机场陆侧集疏运系统集成起来,并与航空运输系统无缝对接,进行一体化的规划设计是我们持续的追求。便捷旅客换乘,提高运营效率,推进航站楼与交通中心的一体化,我们在浦东国际机场做了 20 年不间断的探索。浦东国际机场一路走来,积累了不少的经验教训,是非常值得进一步总结和分享的。(参见《综合交通枢纽规划》,上海科学技术出版社 2016 年出版)

现在回头看浦东国际机场的综合交通系统,我以为最大的问题是不够紧凑。受投融资体制、资金充裕度、建设分期等要求,以及我们认识水平和城市综合交通规划的影响和限制,我们只能是采用现实可行方案中的相对优秀方案。还好我们每次都赶上了浦东国际机场高速发展的节奏,基本没有重大失误。

第 8 章

航空城规划

　　航空城概念产生于浦东国际机场，然而它在浦东国际机场却走过了一段坎坷的路径。至今，我们还没有完成浦东国际机场航空城的法定规划。今天，省市批准的临空地区法定规划有 60 多个，国家批准的临空经济示范区已有 13 个，却没有浦东国际机场航空城。

浦东国际机场选址与规划建设之初,我就从国外带回了"航空城"的概念,并开展了一系列的规划研究。应该说航空城规划的理论和方法是诞生于浦东国际机场的。但是,很遗憾的是浦东国际机场至今没有一个法定的航空城规划,周围地区的土地开发一直处于无章可循的混乱状态,大家的步伐无法一致、无法形成合力,在国内航空城规划建设中处于一个非常尴尬的地位。

浦东国际机场现在已经是客运量世界排名前十、货运量世界排名第三的超大型国际航空枢纽机场,已经完全具备了规划建设一座国际一流航空城的基础条件。接下来的 10~20 年应该是浦东国际机场航空城规划建设的加速期、追赶期,万万不可再次错过这大好机遇。

为了把浦东国际机场地区规划建设成为一个世界一流的航空城,回望一下我们自己走过的路、爬过的坎、跌过的跤,是有利于我们"站在前人的肩膀上"的。

52. 航空城规划的变迁

在浦东国际机场规划设计的早期,我们就关注了浦东国际机场周围地区的开发问题。1995年,日本政府的浦东国际机场总体规划调查团与浦东国际机场建设筹备组,就系统地提出了浦东国际机场周边地区开发方案(图 8-1)。该方案明确提出了以下航空城规划的基本理念:

(1) 航空城由国际交流区、国际物流区、航空相关产业高度发展区组成。这就是后来我们所说的商务交流园区、物流产业园区、航空产业园区。

(2) 明确建立了三大临空产业园区与机场航站区、货运区、机务区三大功能区的对应关系,初步建立了临空产业链的模型。

(3) 基本锁定了浦东国际机场周围地区的空间规划与设施布局。图 8-1 所示的规划布局基本上延续至今。不得不说这是一个成功的规划。

1997 年,由浦东国际机场工程建设指挥部牵头完成了一个更大范围的"浦东国际机场航

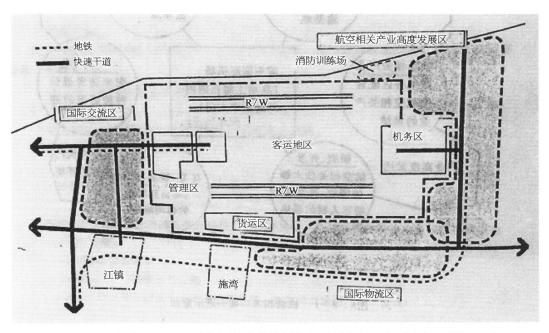

图 8-1　浦东国际机场周围地区的空间规划与设施布局(中日浦东国际机场总体规划调查团 1995 年)

空城规划"。该规划的重点放在了川南奉公路以西、浦东运河以东、江镇河以南、祝桥镇以北的区域内(图 8-2)。该方案实质上是在上述中日航空城规划的西侧规划了一座生活城,补齐了航空城的另一个产业链——生活服务园区。当时还结合浦东国际机场的建设需要,启动了浦东运河沿岸的码头建设和机场员工生活区的规划建设。

但是,因浦东国际机场工程建设指挥部与浦东新区在该区域的管辖权上存在严重分歧,导致规划建设工作停滞。再后来,市领导裁定:机场围场河以内由机场集团负责运营管理,以外由浦东新区进行开发。自此以后,场内场外少有交往,围场河某种程度上成了切断临空产业链、阻碍港城一体化的"楚河汉界"。

随后出版的《21 世纪航空城——浦东国际机场地区开发研究》对浦东国际机场航空城做了系统的研究。提出了一个"一城两镇"式浦东国际机场航空城的概念规划(图 8-3)。该规划研究在当时社会经济环境之背景下,对浦东国际机场"港、产、城"与"投、建、营"做了系统的规划研究。同时,该规划研究还对一些相关产业链、具体的功能设施、眼前的招商项目等,做了初步的可行性研究和开发策划。

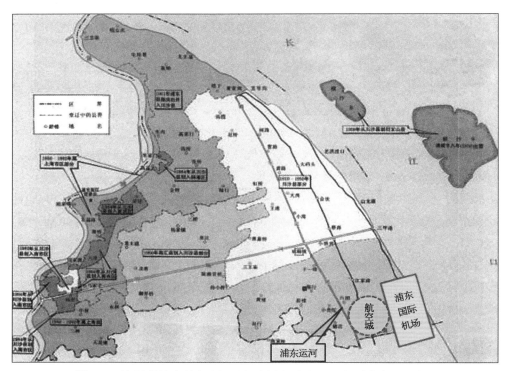

图 8-2　浦东国际机场航空城位置图(浦东国际机场工程建设指挥部 1997 年)

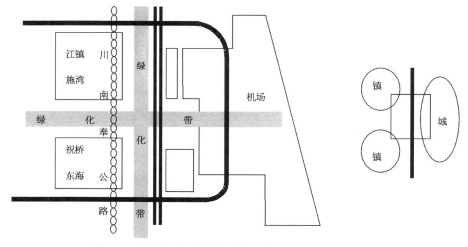

图 8-3　浦东国际机场航空城规划(《21 世纪航空城》1999 年)

　　2003 年,上海市城市规划设计研究院提出了一个"浦东国际空港地区结构规划"(图 8-4)。该结构规划将视野放得更大,把川杨河以南、大治河以北的广大区域都纳入了规划范围。规划布局上将浦东国际机场的生产运营设施和与之联系紧密的临空产业设施布置在川南奉公路以东地区,与生活服务有关的城镇化设施布置在川南奉公路以西地区;并对该地区的土地使用、产业开发、交通规划和环境保护等进行了详细的规划;对机场的净空保护、噪声回避、电磁环境等进行了详细的规范;还为机场的发展留出了充足的用地。

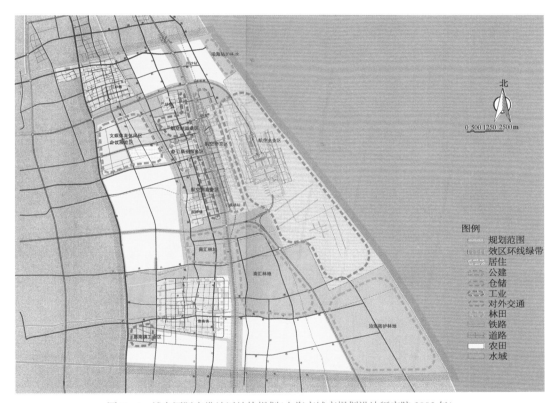

图 8-4　浦东国际空港地区结构规划(上海市城市规划设计研究院 2003 年)

　　这是浦东国际机场地区编制的最全面、最详细、离法定规划最近的航空城规划。当初,如果我们再努力一下,它就会成为中国第一个法定的临空经济区规划,也许就改变了历史。

　　法定规划一直没有,开发活动却从未停止。于是浦东国际机场周围地区就走上了一条长期处于"一事一议"、"一个项目一个规划"的不正常状态。特别是在不该规划建设的地区建设了一大批违背航空器噪声规定的设施建设,成为我们这一代人最不该有的遗憾。

现在,经过 20 多年的发展,浦东国际机场周围地区已经发生了翻天覆地的变化。上述各个关于浦东国际机场航空城的规划研究或多或少地都影响了周围地区的规划建设。今天,浦东国际机场周围地区四大临空产业链已经基本形成:川南奉公路以东的物流与产业设施集中地区;机场南围场河以南地区,以中国商用飞机有限责任公司总装制造中心浦东基地(以下简称"中国商飞总装基地")为代表的航空工业设施集聚区;川南奉公路以西的城镇设施带,是航空城生活服务设施的集中地区;待开发的机场航站区以北、沿轨道交通 2 号线发展的商务交流区(图 8-5)。

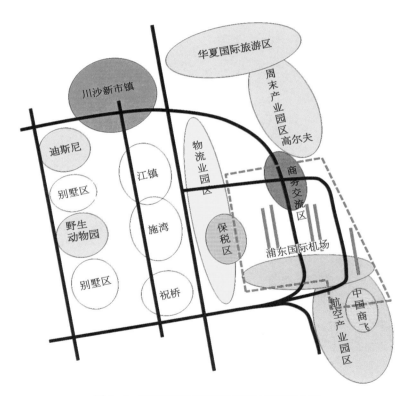

图 8-5 浦东国际机场周围地区四大临空产业链

没有法定规划并没有影响临空产业设施选址按照市场规律进行开发建设。所以,我们看到在上述产业发展规律作用现状下的临空产业设施的选址,依然具有很高的合理性。没有法

定规划所带来的最大问题是市政基础设施的缺乏和设施布局的不合理、实施的难度大和城市运营的混乱。特别是道路交通、铁路、轨道交通等集疏运设施的问题,就会越来越多、越来越难。

接下来,我们的任务就是尽快制定法定规划,尽快补充供给不足的基础设施,特别是交通设施。争取能够早日达到用规划引领开发、指导开发、规制开发的目标。

53.《21 世纪航空城》与《航空城规划》

由于我的城市规划专业背景,从 1992 年我参与日本成田、羽田、关西三大机场的规划设计开始,我就敏锐地发现机场周围地区将是未来的一个特殊城市地区。它特殊的功能设施、产业特点对未来城市和区域的发展将会越来越重要,于是我就开始了临空地区开发的研究。在日本期间,我主要是收集了当时国际上排名前 50 位机场的临空开发资料,做了部分实地调查,以及分析和分类工作,找出了一些规律性的东西,发表了《国外机场地区综合开发研究》等论文。

自 1994 年开始,我又结合浦东国际机场规划设计,展开了针对浦东国际机场周围地区的开发研究。我们的研究旨在从城市发展的角度预测浦东国际机场将给上海市带来什么样的影响,论证将在浦东国际机场地区发生的城市化变革,进而研究这一变革发生的城市背景,提出浦东国际机场地区实施的规划建设须遵循的原则和综合开发的方针政策,从而回答浦东国际机场地区所要建设的航空城是什么、应该开发建设什么设施、怎样开发建设等一系列问题。

1996 年,我入选了"1996 年度上海市青年科技启明星计划",上海市科学技术委员会资助我启动了"上海浦东国际机场周围地区开发研究"课题。经过近两年时间的广泛、深入的调查研究,我们完成了一批有价值的调查研究报告。接着就在上述调查研究的基础上,我们从浦东国际机场地区航空城总体规划、开发规划和规划实施三个层面展开了规划研究:

(1)"总体规划研究"主要从航空城的本质和国外航空城建设的经验和教训,以及浦东国际机场地区所具备的经济条件和城市环境两大方面研究了航空城的定位,并结合实际提出了航空城的总体规划设想和环境规划、信息系统规划设想。

(2)"开发规划研究"主要从航空城有可能开发的几个主要设施着手,较详细地论证了航空城"会务展销设施群""物流产业设施群""周末产业设施群"和"航空工业设施""城市航站设施"的开发可行性。

(3)"规划实施研究"主要研究了"开发利益还原论的理论与实践""城市开发与证券化

的问题""利用民间投资与活力的实践活动的可行性"以及"航空城规划与建设一体化"等课题。

1999 年,在浦东国际机场一期工程投运之时,我们综合整理了上述大量调查资料和研究报告,出版了《21 世纪航空城——浦东国际机场地区综合开发研究》(上海科学技术出版社,1999 年出版)。

浦东国际机场地区综合开发的研究成果,当时引起了有关决策部门的高度重视,并用来指导实际工作。关于浦东国际机场与上海城市规划的研究已影响"上海市城市总体规划(1999—2020 年)"的修订。《国外机场地区综合开发研究》发表后受到多方重视,被收入两本论文集。航空城中心区即机场航站区以北地区的规划研究已被采用、实施。关于航空城开发政策体系的研究成果,已被运用到浦东国际机场的开发建设中。关于航空城航空工业设施开发的研究报告已引起上海市政府的高度重视,并组织进行发展可行性研究,与后来中国商用飞机有限责任公司(以下简称"中国商飞")的引进也密切相关。关于航空城可持续发展的研究已在机场建设中全面运用。关于城市航站设施的研究得到时任上海市市长徐匡迪的亲笔批示,在上海机场(集团)有限公司领导和静安区政府领导的直接关心下,完成了工程项目的可行性研究,中国第一座城市航站楼在 2000 年末启用。

图 8 - 6 《21 世纪航空城》和《航空城规划》

　　《21 世纪航空城——浦东国际机场地区综合开发研究》出版后,虽然对浦东国际机场周边的规划建设产生了一定的影响,但在我国内地并没有产生太大影响,书的销量也不好,倒是香港、台湾的同行们成了最多的读者。例如,在香港机场运营的某公司一次就购买了 350 本。

　　进入 21 世纪之后,随着中国民用航空业的迅速发展,国内关于航空城、临空产业、临空经济等的相关研究越来越多,国内各大航空枢纽及其周边地区的优秀开发案例也越来越多,航空城建设逐步发展了起来。国内所有年旅客量超过 1 000 万人次的机场所在地区和绝大多数省会城市,都先后提出了建设航空城或各种临空园区的规划和发展临空经济的相关政策。北京、上海、广州、深圳、重庆、天津、杭州、武汉、郑州、西安、成都、昆明等,在航空城的规划建设和临空经济的发展上,都已经取得了巨大的成功。航空城这一新型的城市、经济模式已经引起国内外的广泛关注和学术界的深入研究。这是我 1999 年出书时所没有想到的,也是我感到非常欣慰的。

　　时间到了 2008 年,向我和出版社索要该书的我国内地读者开始急剧地增多起来。这当然是因为国内的机场高速发展,机场在城市经济中的牵引作用越来越明显,以及有关临空地区开发的研究越来越多等诸多因素共同造成的。于是,老师和编辑们就提出了再印一次《21 世纪航空城——浦东国际机场地区综合开发研究》。但是,再看《21 世纪航空城——浦东国际机场地区综合开发研究》这本书时,我已经感到其中的许多内容已不再符合快速发展的实际情况。同时,10 年过去了,我们在航空城规划的理论、方法上又有了新的进步,我们在航空城规划建设的实践中又积累了更多的案例,愿意拿出来与大家交流。因此,我便想不应该只是加印第一版,而是应该做一次全面的修订。结果就在 2013 年出版了《航空城规划》,增加了大量国内航空城规划建设的案例。

　　《航空城规划》的出版正好赶上了我国临空产业园区的快速发展,在行业内引起了很大的反响,也使我有更多的机会与大家共同研讨临空产业发展和航空城的规划。随着航空城规划建设的推进和临空产业的发展,我们对航空城的认识也就越来越全面、深入。今天,我已经非常清楚地认识到了 1994 年开始的"浦东国际机场地区综合开发研究"的局限性。亦即《航空城规划》的研究是从机场的角度,以浦东国际机场临空地区为案例,以完成航空城空间规划为目标的,所提出的理念和案例,只是"一孔之见",只能起到抛砖引玉的作用。

　　"浦东国际机场地区综合开发研究"是航空城开发规划的前期工作,接下来需要进一步开展航空城的总体规划和详细规划工作。特别是浦东国际机场一期、二期工程投入运营后,周围地区的综合开发已经大规模展开,应该有一个完整的、有远见的航空城规划来指导航空城的开发活动。但是,很遗憾,时至今日,浦东国际机场航空城的法定规划都没有完成。我真的没有想到"浦东国际机场航空城规划"这个任务是如此的艰巨。我们这一代人没有能够完成,不得不留给下一代机场人去做了。

54. 东工作区开发策划

2015 年,浦东国际机场三期工程(卫星厅)项目策划之初,上海机场集团董事会给了我一个任务,就是做一个三期工程的项目融资策划,目标是为卫星厅建设筹集 100 亿元资金。于是,我就启动了"浦东机场东工作区商业开发规划研究"这个课题。希望从东工作区这块闲置的土地上找到三期工程的资金,也希望借此启动浦东国际机场东工作区商业开发规划和浦东国际机场商务产业链的开发建设。

"浦东机场东工作区商业开发规划研究"是一个典型的项目策划工作。

第一,它提出了东工作区开发要充分利用自身优势:

(1) 浦东机场三大运营指标持续增长,具备强大的交通量的支撑。2014 年浦东国际机场完成旅客量 5 166.18 万人次、货运量 317.82 万 t、飞机起降架次 40.22 万。随着中国(上海)自由贸易试验区(以下简称"上海自贸区")建设的深化,上海国际旅游度假区、上海迪士尼乐园的建成投运,未来 5 年内上海的航空客货运量还将继续保持增长势头。

(2) 浦东新一轮开发开放,将带来更繁荣的市场环境。上海自贸区、上海迪士尼乐园等将进一步强化开发临空商务区所需要的社会经济发展基础,特别是互联网经济的迅猛发展,对人流、物流、信息流集散的快速反应提出了新需求。

(3) 周边关联设施,提供了最直接的基础设施条件。商务区南临航站楼、东临航空货运区、西临轨道交通 2 号线海天三路站及迎宾大道快速路、南接航站区、北接高尔夫球场,地块内规划建设有多处停车楼(含长时停车设施),区内道路路网、市政管网也已成形,这些都为地块的二次开发提供了优越的基础条件。

(4) 临空产业成为浦东机场新一轮发展的重要方向。随着航空主业的快速发展和逐渐成熟,非航业务的发展和价值挖掘成为浦东机场未来发展的重要战略。

浦东国际机场东工作区要素规划如图 8-7 所示。

第二,"浦东机场东工作区商业开发规划研究"将东工作区定位为临空商务区,建议围绕航空专业市场,发展中高端的综合服务产业。

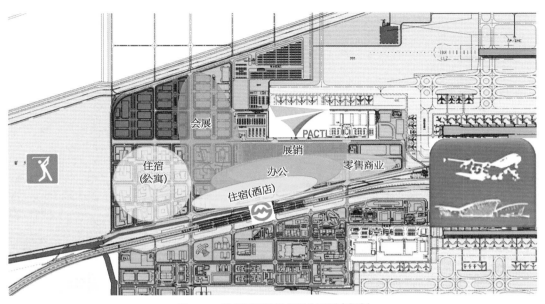

图 8 - 7　浦东国际机场东工作区要素规划

商务区紧邻机场航站区,在具备基本的商务区功能外,为了从定位上就避免与上海市其他商务区"同质化"竞争,该研究报告提出了商务区功能要与航空领域相衔接,面向航空领域并服务其直接或关联的产业。

商务区能否成功的另一个关键要素是"人气",该研究报告围绕产业的交易环节可能衍生的服务,提出了航空专业市场的概念。最终,该研究报告将商务区的核心功能定位为航空专业市场,其周边可以提供商务会展、办公、酒店、休闲购物及停车、配套住宿服务等。浦东国际机场东工作区规划图如图 8 - 10 所示。

第三,"浦东机场东工作区商业开发规划研究"提出为实现东工作区的发展定位,应根据不同功能设施的开发特征,结合土地取得方式,可以选取相应的合资合作开发模式,包括特许经营模式、运营管理合资+特许经营模式、整体与部分出让模式等。建议着重解决三方面的问题:

(1) 建议采用智慧公共交通,提升与航站区的交通联系。东工作区的商务核心区域距离航站区约 1 km,而航站区作为地块开发建设运营的主要人口导入点,两者之间并无便捷的直达交通提供保障,东工作区开发的客源风险较大。另一方面,核心区域有约 0.5 km² 的面积,

图 8 - 8　浦东国际机场东工作区规划图

未来区域内各功能设施之间的交通联系也将成为一个亟待解决的问题。这是商务区在交通方面的"短板",直接影响到客流导入的便捷性,如果处理不好,商务区的运行品质和效率将大打折扣,不利于提升商务区的吸引力。因此,该研究报告提出借鉴国外机场陆侧捷运交通系统的方式,引入有轻型轨道交通(或新型无人驾驶巴士),实现航站区与商务区、商务区内部、商务区与停车设施之间的无缝连接,打造陆侧开发设施的"一体化"格局。将来还可以延伸至机场其他功能区。

(2) 建议以作价出资方式,与政府协商土地开发机制。一方面,作为商务区规划建设的浦东国际机场东工作区一部分为划拨用地,如果要发展成为商务区,需要解决"土地变性"问题。另一方面,该地块多数为规划控制用地,可以用于机场商务区建设,但土地权属并不在机场,机场如果要实现"通过土地运作反哺机场建设运营"的设想,需要与政府相关部门协调解决如何"获取土地"的问题。

经与相关部门沟通讨论后,该研究报告提出可以考虑以土地作价出资方式获取该土地,即在完成规划方案和土地变性后,土地使用权以资产形式,由市政府相关部门作价出资入股机场。该方式的优点是土地可以由机场集团统一开发;土地以资本金方式注入,无须再交土地出让金;可以通过土地或建成设施融资,投入浦东国际机场后续扩建工程。该方式的主要问题是土地作价评估价值较难达成一致,且土地规模较大,操作上有一定难度。

(3) 建议合资合作模式,发挥社会专业力量优势,实现高水准综合开发的目标。地块开发是一个专业性较强的领域,也非机场主业。总结国内外成功案例的经验,地块开发大多是通过与专业开发企业合作,在整个地块开发项目的生命周期不同阶段引入专业团队提供技术和资源支撑,取得共赢而得以实现。因此,浦东国际机场需要运用好现有条件,坚持地块开发功能紧贴浦东国际机场战略发展的方向和步调,设计好与社会资本方的合作机制,包括决策机制、人力保障等,实现浦东国际机场与合作企业的双赢。

总之,浦东国际机场应该加快东工作区的规划建设工作,尽快提升浦东国际机场商务交流能级,早日成为真正的航空 CBD。

55. 中国商飞总装基地与浦东飞机维改中心

中国商用飞机有限责任公司于 2008 年 5 月 11 日在上海成立,是我国实施国家大型飞机重大专项中大型客机项目的主体,也是统筹干线飞机和支线飞机发展、实现我国民用飞机产业化的主要载体。中国商飞上海飞机制造厂(大场厂区)具有较好的环境和零部件生产设施,但如果要进行大规模的飞机总装,会受某些因素的影响,生产效率受到了一定程度的限制。于是他们把总装厂移至浦东国际机场产业开发区,充分依托浦东国际机场这一独特的区位优势、地价优势、劳动力优势和政策优势等,期待可以降低项目的投资资本,提高总装质量和效率。

飞机总装项目择址浦东国际机场地区的临空产业地带,也符合"服务机场,利用机场"的宗旨。首先是能充分利用机场各种配套设施。飞机离厂前的最关键一步是试飞。浦东国际机场为其修建的第五跑道为 4E 级跑道(3 400 m 长)完全满足试飞要求,在出现异常情况时也能满足其相应的应急救援要求。另外,浦东国际机场各种先进的航空管制设施(塔台、导航台)和盲降系统还可为试飞各种参数的测量提供了强大的技术后盾,即使在塔台工作处于高峰时也可以保证试飞正常、安全进行。因为浦东国际机场跑道设计的高峰小时飞行量达 100 架次以上,而总装飞机一个月不过几架。试飞飞机需要的航空油料可由机场油料公司提供,既省时,又安全。

在飞机试飞完全合格后,航空公司即可将其投入航班的运营,节省了运输费用。2015 年 11 月 2日,国产大型客机 C919 首架机总装下线,如图 8-9 所示。

图 8-9　C919 大型客机首架机总装下线

不可否认的是,中国商飞总装基地的飞机试飞与交付,对浦东国际机场的正常运营会带来不良影响。这就是为什么总装基地选址遭到几乎所有民航专家反对的原因。

但是从航空城发展的角度来看,一方面,中国商飞总装基地项目会强有力地带动临空航空工业园区的开发,同时对于机场地区开发资金的筹措、劳动力的消化也具有不可替代的积极作用,是整个机场地区走上良性循环的重要因素之一。我国飞机的零部件制造和总装已具备了很好的生产能力。现在我国各大飞机制造公司(如西安飞机制造厂、南昌飞机制造厂、上海飞机制造厂等)都与波音公司、空中客车公司有合作项目,为它们提供飞机零部件,如飞机内部的空中厨房、座椅、行李箱、机轮、刹车及飞机的无线电通信系统等。在 MD-82 型飞机合作生产过程中,有不少国外厂商前来中国寻求上述项目合作的机会,但由于当时受种种条件的限制未能成功。现在浦东新一轮的开发与开放为这种产业的发展创造了条件,特别是电子产品等有了很大提高,与国外厂商在这方面的合作可能性也越来越大。以中国商飞总装基地为核心,将会在浦东国际机场周围地区集聚大量的航空工业企业和设施。

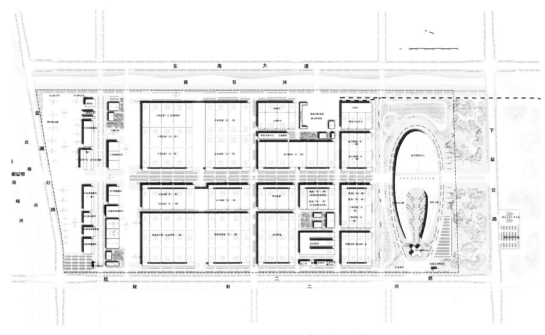

图 8 - 10 浦东国际机场南侧的中国商飞总装基地

另一方面,飞机维修、改装也是一个较有发展前景的产业链。世界各大航空公司的班机在浦东国际机场起降就要求浦东国际机场有充足的飞机维修设施,为航空公司提供优质的机务维修服务。如果总装基地设在浦东国际机场附近,那么总装基地内的工艺设备、测试设备等相关设施设备都可以用于飞机的维修。当飞机总装业务不十分繁忙时,还可以利用总装基地的技术、设备和设施,承接一些飞机改装业务。目前,客机改货机市场也十分被看好,而全球的改装能力达不到市场需求量的一半,且国内目前没有客机改装货机的设施,将来也数量有限,市场发展前景极为可观。

庞大的飞机维修与客机改货机市场呼唤我们营建一座大型飞机维修改装中心。目前上海已有的雄厚的航空维修基础、优越的区位条件、土地和劳动力价格优势以及人才资源,使得维改中心的建设成为可行。而且引进国外先进技术、资金在浦东国际机场建设具有世界一流水平的航空维改中心,对于上海市的产业结构调整及整个国家的未来经济发展,显然也是一件十分有意义的事情。因为该项目不仅具有良好的经济效益,而且对中国引进先进技术和管理,加速中国航空人才的培养进程,推动中国民用航空飞机大修业加入世界先进水平的行列,发展中国乃至世界的民用航空运输事业等,都将产生积极的影响。

　　未来,位于浦东国际机场的中国商飞总装基地是为了进行 C919 和 ARJ21 飞机的总装,但它会将大量航空工业企业引进航空城,这对浦东新区产业结构的调整,促进上海的开发开放都是极为有利的。如果我们在航空城建立一个以飞机总装为主、航空器维改为辅的航空工业产业链,其社会效益、经济效益是不言而喻的。总之,在航空城建立这样的航空工业园区,对浦东国际机场的运营保障、对浦东新区乃至整个长三角的进一步开发开放、对促进中国飞机制造业进入世界先进行列等,都具有深远的现实意义和历史意义。

56. 从机场功能区到临空产业园

　　我们民航机场都由飞行区、航站区、货运区、机务区、工作区和一套集疏运系统组成。通常飞行区只与航站区、货运区和机务区对接,不直接对外(图 8 - 11)。

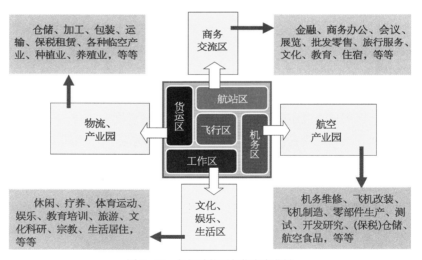

图 8 - 11　机场功能区与临空产业链

　　机场规模较小时,通常就是一个城市交通配套设施。但随着机场运输量的逐步增长,在临空地区就会出现临空集聚,一些与机场功能相关的产业设施就会与机场一起发展壮大,机场就会变成城市发展的"发动机"之一。于是,为了保障机场与临空产业的协调发展,也为了保障机场的正常运营和临空产业自身的健康发展,大家达成一些共识,即规划发展目标,甚至是官方认可的临空产业发展规划就是必需的。

所谓"临空产业"是指那些在机场功能区周围地区(即临空地区)集聚的、与航空运输直接或间接相关的产业。这些产业的生存和发展都直接或间接的依托于机场和航空运输,它们中的一部分不仅只是产品和生产资料的运输依靠航空,而且其生产过程本身也就是机场和航空运输生产的一部分。

现在我们确信,当机场发展到一定规模,由机场的主要功能分区向外延伸的发展,就会形成性质、规模不同的四大临空产业链(图 8 - 11):

(1)以航站区为起点往外延伸的商务交流产业链。包括金融设施、会务会展设施、商务设施、商业零售设施、旅游设施、其他服务设施等,还可以进一步将产业链延伸出去。多数情况下,这些人流、资金流、信息流会以航站楼为起点,沿着陆侧集疏运系统的两侧往城市方向延伸。这是临空产业中最重要的设施群,也可以称之为商务交流园区。

(2)从货运站向外延伸的物流产业链。这是与货运区相关联的,或者说是以货运设施为龙头的。包括各种仓储设施、包装设施、加工设施、制造设施、运输相关设施,以及相应的海关、边防、检验检疫、工商行政等设施。这是一个很大的产业链,物流与产业设施会形成临空物流与产业园区。

(3)以飞机为中心的航空业务方面的产业链。包括机场管理与运营维护、航空公司运营维护等相关设施群。具体而言,就是飞机的维修、改装、制造设施、零部件的制造、存储、测试、开发设施,以及以航空食品为代表的各种机上用品的生产、储存设施群和其他相关设施。这些设施会形成航空产业园区。

(4)航空关联的居住与生活服务、文化娱乐,以及高端的教育培训、科学研究等也会形成产业链。这一产业链在空间上与前面三大产业链的设施往往是关联在一起的。但当这一产业链上的设施具备一定规模以后,就会相对独立的形成一块区域,也可以称为文化娱乐生活园区,即城镇。该园区最常见的形态是与商务交流园区形成一体化城区。

总之,机场的四大临空产业链都可能会形成相应的临空产业园区。每一条产业链的发展情况、土地使用情况又都跟机场的三大运营指标直接关联。需要说明的是,这四条产业链之间的界面也并不是泾渭分明的,它们总是相互联系、互为因果、相辅相成的。

浦东国际机场的临空产业园看起来都在机场相应功能区的附近,但仔细研究就会发现我们的临空产业链被有形的设施(围场河、道路等)和无形的东西(制度、法规、产权关系、管理模式)给打断了、隔离了。航站区与商务交流区之间被一个 400 m×450 m 的水池和高架隔断了;一期货运区、东货运区远离物流园区,只有西货运区与物流产业园区的关系还算友好;机务区与航空产业园区的便捷连接还没有建立起来;整个机场与周围地区在产业逻辑上的连接都是不太友好的。

现在是到了改善这种联系、打通产业链、提高效率、做大做强的时候了。

57. 城市航站楼的故事

1997 年,我从日本考察回来,写了一份"日本城市航站楼考察报告"。在考察报告末尾,我提出"鉴于浦东国际机场远离城市中心区,为方便旅客使用浦东国际机场,建议在市中心区、轨道交通 2 号线某个车站附近规划建设城市航站楼"。并建议将浦东国际机场一期工程中的市内售票处,重新选址、适当扩大规模,改为上海城市航站楼。祥明总指挥将该报告转给了时任市长徐匡迪先生。徐市长批示"请研究上海建设城市航站楼的可行性,尽快实施"。

于是,我们紧锣密鼓地开展了上海城市航站楼的选址和可行性研究工作。当时,上海轨道交通 1 号线、2 号线已经运营,3 号线正在建设之中。我们就在两个交叉点车站,即人民广场站和中山公园站附近找寻。但都没有成功。后来,一次偶然的机会找到了 2 号线静安寺站旁的一块地铁施工时代征的土地,很快就谈成了协议。

这个选址有诸多有利条件。首先,该地区位于轨道交通 2 号线静安寺站出口附近,南面紧邻南京路,有多路公交车经过,交通极其方便。其次,该地区附近有诸多星级宾馆,如波特曼大酒店、希尔顿酒店、贵都大酒店、静安宾馆、上海宾馆等,可为住店旅客上下飞机提供极大便利。再次,该地段地处享有"中华第一街"美誉的南京路西部,不但有利于旅客在南京路购物,而且对于南京东路向西延伸,带动南京西路的繁荣,贯通整个南京路为"中华第一街"将产生不可估量的影响,有利于旅客在沪观光。

浦东国际机场城市航站楼之所以选址在此,与静安区政府的大力支持也是分不开的。在双方签订土地转让协议书中,轨道交通 2 号线静安指挥部承诺在南京西路轨道交通复路工程中铺设的水、电、煤气等市政配套设施供浦东国际机场城市航站楼使用,不再另外收取费用,其供给量保证足以满足城市航站楼的需求,日常生活污水可直接排入该地区城市合流污水总管。这些承诺不仅节省了建设资金,更为缩短城市航站楼的建设周期,保证城市航站楼尽量与浦东国际机场同期投入运营创造了有利条件。

上海机场静安寺城市航站楼总建筑面积 2.4 万 m²,包含航站设施、商业服务设施、办公设施、文体设施和停车设施。城市航站楼与旁边的久光百货大楼连为一体(图 8 - 12)。该城市航站楼于 2000 年投入使用,在最初的几年里发挥了一定的作用,但由于口岸机构一直未能进驻等诸因素的影响,特别是轨道交通 2 号线延伸到浦东国际机场之后,利用该城市航站楼的旅客就大幅减少了。总体而言,作为城市航站楼这个项目并不成功,但作为上海机场集团在市中心的一个投资项目却是非常成功的。

图 8 - 12　上海机场静安寺城市航站楼

今天,我们在昆山、无锡、太仓、南通、嘉兴等长三角其他城市的城市航站楼,仍然运营得很好。这些是位于上海市以外的城市航站楼,实际上应该称为"它市航站楼"。这种它市航站楼一度成为枢纽机场运输组织的方式之一,被很多机场借鉴和采用。

另外一类城市航站设施就是货运城市航站楼,这个一直没能引起业界的重视。浦东国际机场的货运发展得很好,一个很重要的原因就是我们重视了这个问题。目前,关于货运城市航站设施的研究还比较少,但是很多地方都已经在做了。大家都认为浦东国际机场的货运量来自长三角,其实浦东国际机场有相当多的货并不在长三角。现在,浦东国际机场的货物来源包括西北到乌鲁木齐、西南到昆明,南方到广东,北方到哈尔滨。是靠什么延伸出去的呢?

其中之一就是我们的卡车航班,有航班号的卡车。客户把货物交给这些卡车收货的站点,就等于交给了民航机场。

货运城市航站设施其实就是枢纽机场在某个地方设置的货物接纳设施,也可以认为是二、三级货代仓库及其相关设施。浦东国际机场在苏州工业园区、外高桥保税区设置了两处规模最大的货运城市航站设施,使这两个地方相当于有了一个虚拟的货运机场。

上述客、货城市航站设施的作用和意义主要体现在六个方面:

(1)城市航站设施可以提高机场的服务质量。城市航站设施提供了一个虚拟的机场,延伸了机场的服务。例如,昆山城市航站楼使昆山市有了一个虚拟的机场,这对于昆山来说是很重要的发展主题。他们可以围绕这个虚拟机场做很多事情,可以优化投资,实现大型基础设施的区域共享,相当于把浦东、虹桥机场变成了他们的机场。而对我们来说,我们把昆山变成了我们的市场。这是双赢的。

(2)城市航站设施可以优化基础设施投资。例如,昆山有了客、货两处虚拟机场,再建机场的必要性就大大降低了。

(3)城市航站设施可以完善综合交通体系。因为原来货物可能是一件一件送到机场,要用10辆车,甚至更多,现在在城市航站设施收集好客货,一个大巴士或一个集装箱卡车就运过去了。整个运输方式都变了,原来是分散的,现在变成"枢纽-辐射"式的运输组织了。这肯定对综合交通体系的优化起到很好的作用。

(4)城市航站楼有助于公交优先。航空旅客的机场集疏运体系中,公共交通所占的比例都较低。但有了城市航站楼以后,在城市航站楼把旅客集中起来,再运到机场就变成了公交运行,可以大幅度提高公共交通所占的比例。

(5)城市航站设施是临空产业链的延伸。每个城市航站楼所处的环境不一样,其设施群的规模就会不一样。在上海静安寺城市航站楼周围,主要是做高端商业服务业、做商务旅客的服务链,希望把很多航空公司,包括外航的上海分公司都吸引到其周围来。

(6)城市航站设施也是机场公司的最重要的非航空收益源之一。把机场的功能、服务延伸出去,当然非航空业务也就一起拓展出去了。

◇ **本章感言** ◇

浦东国际机场的航空城规划建设对于我们来说,真的就是"起了一个大早,赶了一个晚

集"。这么多年过去了,国内已经有 60 多个法定航空城规划,有了 13 个国家级临空经济示范区,而我们这个在国内第一个提出航空城理念的浦东国际机场,至今仍处于规划研究阶段,迟迟未能出台法定的航空城规划。

尽管我们在浦东国际机场周围地区已经建成了自由贸易区、中国商飞总装基地,以及多个海关监管区和许多重大设施,但是我们依然是"一个项目一个规划"的开发模式。接下来我们必须抓紧追赶,完成法定航空城规划,开发建设好一个与浦东国际机场的地位相适应的航空城。

航空城开发的核心课题就是要"打通临空产业链"。临空产业链的顺畅和效率才是航空城规划建设的真正目标。

第 9 章

机场的可持续发展

机场可持续发展的目标就是在"财务可持续发展"的前提下做到"环境友好、环境适航"。我们在浦东国际机场建立起了一套完整的机场可持续发展指标体系。我们希望通过投资管控、节能减排等手段,将浦东国际机场规划建设成为一个环境和谐、运营高效、"财务可持续"的枢纽机场。

　　浦东国际机场的规划建设源自 20 世纪 90 年代中期,正处于浦东开发开放如火如荼,国人都在追求"增长""扩张"之时。那时,我从国外带回了"成长管理(growth management)"和"可持续发展(sustainable development)"的理念。虽然非常不合时宜,我们还是在浦东国际机场各期工程中坚持了走可持续发展之路的原则,取得了一系列的成果。20 多年过去了,今天,"绿色机场"已经成为点击率最高的词汇之一,"节能减排"已经成为机场规划建设必须认真研究的课题,机场的可持续发展已经引起大家的关注。

　　可持续发展的前提是"发展"。对于一个机场或一个机场公司来说,必须通过我们的绿色机场建设实现其自身科学和谐的成长,使机场的发展可持续,使机场公司赢利;而不是"绿"得我们的机场不能成长和发展、机场公司亏损。我们始终相信"一个亏损的企业是不可能持续提供一流服务的!"在具体的项目建设中,我们坚持了"经济上不可行的项目不急于实施"的原则。这为我们在绿色机场的建设中扫清了不少障碍,使我们在浦东国际机场在过去 20 多年的高速发展中,仍然成功地实施了一系列节能减排、绿色环保的项目,并得到了社会和企业的一致好评。

　　在过去的 20 多年里,我们在浦东国际机场的策划、规划、设计、建设和运营中,始终坚持贯彻了环境保护、节能减排、提高资源利用效率、人性化等方针政策;并通过一系列工程项目的实施,使我们积累了不少的经验、教训和心得、体会,并逐步形成了"浦东国际机场可持续发展体系"。

58. 机场可持续发展体系的创立

　　我们对可持续发展机场的定义是"在规划、设计、施工、运行、发展乃至废弃的全寿命周期内,能够实现资源节约、环境友好并适航、服务人性化、按需有序发展、能与周边区域协同发展且社会经济效益良好的机场。"之所以如此进行定义,主要是基于以下认识。

首先,我们必须从机场全寿命周期的时间尺度来认识、实施可持续发展。机场从规划到最终废弃要经历漫长的时间,机场的规划、设计、施工、运行和发展,环环相扣、密切相关,其中任何环节都将对后续阶段产生深刻影响,甚至是不可逆转的影响。例如,在规划阶段如果机场选址发生失误,造成机场在扩建空间、环境影响等方面出现问题,则很难在后续的环节中予以彻底匡正。

其次,可持续发展的机场应具有六个特征,特征之间相互联系、形成系统。

第一个特征就是节约资源。包括常规的"四节(节能、节水、节材、节地)"。此外,我们认为还应加上"节约空域(节空)"。因为机场在规划设计和实际运行中,必须涉及空域及其使用,如何通过合理的选址、飞行程序设计和通信导航设备配置使机场投入运行后空域占用小、利用效率高,对于我国这样一个空域资源紧张、民航发展迅猛的国家来说是非常重要的。于是,针对机场的资源节约就扩展为"五节(节能、节水、节材、节地、节空)"。

第二个特征是环境友好并适航。我们通常所说的机场环境保护,实际应包含两个方面的问题。一方面是环境友好,即机场在运行中不要对周边区域造成负面环境影响,如噪声、大气污染等。另一方面则是环境适航,这常常被社会和机场周边社区公众所忽略、而为业界所重视。所谓环境适航就是机场周边环境,包括机场空域、净空、气象、电磁、生态、水文、地质等要适合机场运作。环境友好和环境适航是机场环境问题的两个方面,不得偏废,必须达成良好平衡方能保证机场安全、高效、绿色的运行。

第三个特征是服务人性化。机场归根结底是一个服务于旅客和航空公司的公共交通设施,理当确立"以人为本"的服务理念。人性化服务,应包括优质的"主业服务"和"衍生服务"。优质的"主业服务",就是为航空公司在机场运作,为旅客进出机场、办理手续提供快捷舒适的服务与环境;优质的"衍生服务",则主要是为旅客的生活、公务和娱乐休闲等提供周全、体贴的服务。

第四个特征是按需有序发展。即在机场存续的寿命周期内,机场应具有条件根据航空业务类型及需求变化进行设施的自适应调整。对处于成长期的机场来说,按需有序发展通常表现为航空业务量增长时机场设施能按预期规划,开展运行干扰少、对周边环境影响小的设施扩建。

第五个特征是实现与周边区域的协同发展。即机场的存在和壮大,不仅使机场本身受益,还能带动机场周边区域的社会、经济协同发展。近年来我国一些机场周边的临空经济园区、空港物流园区、空港加工区的良好发展态势,使我们有理由相信可持续发展机场与周边区域能联结成紧密的"经济社会共同体",进而步入相互依存、相得益彰的良好境界。

第六个特征是可持续发展机场还应具有良好的社会经济效益。须在投资控制、增收节支、运营盈余等方面适应市场的生存法则,即在财务上可持续。机场须依靠自身掌握的各种资源,通过有效的市场运作实现财务状况的可持续发展,成为具有市场价值的经济实体。一个亏损的机场是不可能持续提供优质服务的,也不可能真正走上可持续发展的绿色之路。

基于我们对可持续发展机场的上述认识,我们在浦东国际机场实施了大量相关项目,在浦东国际机场进行了一系列的探索,并建立了一套比较完整的机场可持续发展指标体系(表9-1)。该体系将指标分三个级别,能够比较好地反映出了大型国际机场可持续发展的实际情况,该体系及其相关技术和工艺在国内得到广泛认可和推广。

表9-1 浦东国际机场可持续发展指标体系

	机场可持续发展指标	注　释
	0 可持续发展机场内涵	机场可持续发展的定义和内涵
	1 科学规划和协同发展	战略规划、统筹全局、科学发展
资源节约	2 土地资源节约	集约利用、节省土地、提高运行效率
	3 能源中心节能	能源系统、节能减排
	4 航站楼节能	绿色航站、节能大舞台
	5 材料、水资源和空域节约	节约材料、珍惜资源、提高使用效率
环境友好	6 生态环境保护	种青引鸟、生态驱鸟、保护生态
	7 水文环境保护	机场独立排水、保护水文环境
	8 声环境保护	标本兼治、消减噪声
	9 大气环境保护	减少排放、护佑蓝天、公交优先
	10 环境适航	净空保护、电磁环境保护、鸟击防范
	11 人性化服务	安全第一、以人为本、引领服务
	12 经济效益良好	投资管控、财务可持续发展

经过20年的运营,浦东国际机场基本做到了"科学规划、协同发展,环境友好、环境适航、资源节约、人性化服务,且财务状况良好"。也就是说,浦东国际机场已是一个具备可持续发展能力的大型枢纽机场。

59. 投资管控与财务可持续

投资管控一直是浦东国际机场规划建设中的第一主题。作为业主代表,指挥部其实最关注两件事情,一是投资管控;二是进度管理。特别是投资管控的理念已经是一种被植入到了每一个指挥部的建设管理者体内的基因,每一个人的脑海里都绷紧了这根弦,人人在意、时时紧盯。因此,这就成就了我在指挥部期间承担的项目没有一个超投资预算的。

经过近30年对浦东国际机场的研究与实践,我们已经非常清楚地认识到了,对于机场来说"控制住了固定资产投资,就是控制好了运营成本"。浦东国际机场很大,处处都在不断地发生运营成本。我们每一个管理者都有必要弄清楚都有些什么成本,这些成本是怎么发生的,它们之间有着什么样的逻辑关系。

表9-2是上海国际机场股份公司2012年的运营成本概要(年份不同,金额会变,但比例大体不变)。从中可以看到作为服务行业,机场最大的运营成本是人工成本,占总成本的比例已经超过三分之一。

表 9-2 上海国际机场股份公司 2012 年运营成本构成

成本构成项目	金额(万元)	占总成本比例(%)
人工成本	124 285.69	38.19
摊销成本	91 467.77	28.11
运行成本	59 851.96	18.39
燃料动力消耗	29 754.84	9.14
税金支出	10 938.61	3.36
财务费用	3 536.87	1.09
其 他	5 607.06	1.72
合 计	325 442.80	100

注:资料来源于《上海国际机场股份有限公司(600009)2012年年度报告》。

人工成本的构成包括:工资、奖金、津贴、补贴、职工福利费、社会保险费(医疗保险费、基本养老保险费、失业保险费、工伤保险费、生育保险费、年金缴费)、住房公积金、工会经费、职工教育费,以及因解除劳动关系给予的补偿等。由于这些与员工利益直接相关,都是只会升高、不可能降低的成本,因此这一块成本是非常刚性的。人工成本的大小直接取决于员工的数量,而对于机场来说,员工的数量是由设施设备的规模决定的。航站楼的面积、机位数、跑道数、机电信息系统的规模和复杂程度等这些固定资产的规模,实际上决定了机场公司所需要的员工数量。

从表9-2中,我们还可以看到机场运营的第二大成本是摊销成本。摊销成本包括固定资产折旧、无形资产摊销等,其中固定资产折旧是绝对大头。由于投资的贷款利息也是资产形成中发生的成本,于是我们应该将固定资产投资所产生的利息也一起计入摊销成本。这样一来,摊销成本大概也占到一般机场运营成本的三分之一左右。由于上海机场股份公司不是将浦东国际机场的全部资产一起上市的,还有一部分机场运营的必要资产没有计入其中,所以表9-2还不是一个机场运营的完全成本表。但我们基本上可以认为摊销成本大约占机场整个运营成本的三分之一。

固定资产折旧是与固定资产使用寿命和固定资产年折旧率两个概念相关。这是非常重要的两个概念。各种固定资产的使用寿命是很不一样的,从6年到35年不等,这对我们的固定资产投资管控来说是非常重要的概念。这就要求我们要非常精细地配置各种设施、设备、材料、系统等,特别要关注不同使用寿命的设施设备,进行认真甄别和选用。一般而言,土建设施的使用寿命为30年、机电设备10年、信息系统设备5~6年。摊销成本必须按照国家有关规定计提(表9-3),也是一块非常刚性的运营成本。

表9-3 浦东国际机场固定资产折旧相关情况

类 别	使用寿命	残值率	年折旧率
建筑物、构筑物、场道	8~35 年	3%	2.77%~12.13%
机电设备	10 年	3%	9.70%
通信导航设备	6 年	3%	16.17%
运输设备	6 年	3%	16.17%
电子设备	6 年	3%	16.17%
其他设备	4~11 年	3%	8.82%~24.25%

表9-2中的摊销成本以下,就是运行成本和燃料动力消耗,再加上一些其他费用就是机场的全部运营成本了。具体包括:燃料动力消耗、维修维护费、绿化环卫费、特种车辆、内场

车辆费、委托管理费、办公经费,以及其他经营成本等。一般来说,这部分内容加在一起也是占到机场运营成本的三分之一左右。我国的多数机场在运行维护方面投入的费用普遍不足,这对于设施设备的运行状态和使用寿命的延长是不利的。

在这个"三分之一"中,燃料动力消耗是比较大的一块,而且是相对比较柔性的运营成本。所谓"柔性成本"就是指降低这一块成本既存在技术上的可行性,又不会引起其他方面的抵抗或副作用。如果我们按照国家的大政方针,大力推进各项节能减排工作,这一块成本的降低是大有可为的。

很明显,运行成本和燃料动力消耗也是由固定资产的规模决定的。燃料动力消耗实际上就是照明和制冷的电费和采暖用的气、油费用,它和维护维修费用都完全取决于房屋、场道的规模及其使用频度。

综上所述,可以看出机场的运营成本由三个三分之一组成,我把它们称作"人工成本""摊销成本"和"运维成本"。这就是我的"三个三分之一的理论",全名是"固定资产规模决定机场运营成本的理论"。这个理论的内涵要点有三个:

(1) 前两个三分之一,即人工成本和摊销成本都与固定资产的规模正相关,基本上可以说由固定资产规模决定,是非常刚性的。

(2) 第三个三分之一的一半左右是能耗,即燃料动力(最大的就是空调费用)消耗。固定资产一旦形成之后,燃料动力消耗也是非常刚性的。剩下的另一半叫"运维成本",主要是维护维修费用,也基本上取决于固定资产规模。机场设施设备的规模越大,运行维护的成本就会越高,这是显而易见的。

(3) 固定资产一旦形成,机场的运营成本就非常刚性。这也是城市基础设施的共同特征之一:运营成本非常稳定,边际成本非常小。由于机场的运营成本基本上取决于固定资产的投资规模,因此机场业主方对于固定资产的投资管控水平就非常重要了。基本上可以认为机场在规划设计期间就决定了机场今后的运营成本,因此机场建设期间节省出来的不仅仅是投资,还是未来的运营成本。

结论就是:固定资产投资规模决定机场的运营成本,且非常刚性。因此,管住了投资就管住了成本;成本管控好了,机场财务可持续发展的基础就有了。否则,成本过大、收不抵支,机场就有可能陷入结构性亏损的悲惨境地。目前,上海机场集团以 600 多亿元的固定资产,保障了 1.1 亿人次、400 万 t 货物的年运输量。应该说,我们在投资管控方面做得非常好了。

60. 节能靠创新 ——冷热连供、汽电共生

上海浦东机场一期工程在国内首次集成了燃气轮机、余热锅炉、蒸汽锅炉、吸收式制冷机和离心式制冷机,形成了冷热电联供系统,开创了我国机场冷热电联供系统的先例。

浦东国际机场一期能源中心冷热电联供系统总供热能力 121 t/h、总供冷能力 77 MW(折合 22 000 RT,1 RT=3.517 kW)、供电能力 4 000 kW。主要设备包括:油气两用燃气轮机发电机组(功率 4 000 kW、电压 10.5 kV);锅炉设备,包括利用燃气轮机高温排烟产生 0.9 MPa 饱和蒸汽、蒸发量为 11 t/h 的余热锅炉和总蒸发量为 110 t/h 的 4 台油气两用蒸汽锅炉(其中 30 t/h 蒸发量 3 台、20 t/h 蒸发量 1 台);制冷设备包括 4 台总制冷能力为 56 MW(16 000 RT) 的离心式冷水机组[每台制冷量 14 MW (4 000 RT)],4 台总制冷能力为 21 MW(6 000 RT)蒸汽双效吸收式制冷机组[每台制冷量 5.28 MW(1 500 RT)]。

冷热电联供系统工作原理是,燃料(燃气或燃油)化学能在燃气轮机燃烧器中燃烧转化为烟气热能,高温烟气在燃气轮机中冲击涡轮叶片做功,使烟气热能转化为机械能,进而带动燃气轮机发电机组转子转动,将机械能转化为电能。在燃气轮机做功后的中温烟气进入余热锅炉与水进行热交换而产生水蒸气,较难利用的低温烟气最后被排放。余热锅炉产生的蒸汽供给溴化锂吸收式制冷机组,用于热能制冷;燃气轮机发电部分供给离心式制冷机组,用于电制冷。

冷热电联供系统的优势,主要体现在以下五个方面:

(1) 在"能量"和"能质"两个方面显著提高了一次能源利用率。燃气燃烧后产生的烟气热能,根据其温度不同,系统采用"分质利用"方案,即高品位的高温烟气用于发电,低品位的中温烟气引入余热锅炉产生蒸汽,因而获得了较高的一次能源利用率。浦东国际机场一期能源中心额定工况下,燃气轮机发电效率 29%,蒸汽发生热效率 49%,总的一次能源利用率达到 78%。而相近规模的小型发电机组效率为 30%~36%,大型发电机组效率 40%。对于常规蒸汽锅炉,尽管其热效率可达 90%,但燃料化学能全部被转换为品位较低的热能,没有高品位电能产生。

(2) 能源利用具有多样性、备用性和可靠性。利用天然气同时产出了热、冷、电三种能源形式。供热以常规锅炉和余热锅炉互为备用;供冷以电制冷和吸收式制冷互为备用;供电以市电和自发电互为备用。系统大大提高了机场电、冷、热供应的备用性和可

靠性。

（3）有助于缓解社会能源供需的结构和时间矛盾。系统在夏季发电并采用热能制冷,有助于缓解夏季市电供应紧张,同时增加天然气用量(夏季社会天然气用量较少),发挥"削电峰、填气谷"作用;在冬季,系统借助热能综合利用率高和烟气余热利用优势,可减少天然气消耗,同样有益于缓解冬季社会天然气供需紧张局面。

（4）设施集约、占地较少;使用寿命长,保养适当,可达 20～30 年;设备简单,易于维护和运行;启动快,能快速投入运行;系统用水少、自用电少。

（5）减少污染物排放,减少热污染,减少温室气体排放。由于系统以天然气为燃料,排烟中的 CO 和 NO_x 较少、没有 SO_2;由于采用余热锅炉,系统额定工况排烟温度仅有 148℃,远低于一般锅炉排烟温度(180～220℃),有助于减少"热污染"和"热岛效应";在产生相等热值情况下,采用天然气作为燃料,与柴油相比 CO_2 减排 25%,与烟煤相比 CO_2 减排 38%。蒸汽双效溴化锂冷水机组,与电力离心式冷水机组相比,由于不需要氟利昂等卤代烃物质作为制冷剂,所以也就不存在对大气臭氧层的消耗和破坏作用。

浦东国际机场冷热电联供投运以后遇到的最大问题是我们发的电不能上网外供,只能自用。这使我们的系统不能发挥最大的生产能力,从而项目的效益就大打折扣了。这是因为电力部门未履行承诺造成的,这也是该项目得不到推广的最主要原因。

浦东国际机场冷热电联供的能源中心如图 9-1 所示。

图 9-1 浦东国际机场冷热电联供的能源中心

61. 成为行业标杆的"水蓄冷"能源中心

　　大都市的用电供需矛盾常常体现为时间结构的不匹配和不均衡。即在白天(尤其是上午)和晚间(18:00～21:00),由于大部分生产、服务和事业单位以及居民同时都有较高用电需求,电力供不应求;而到了夜间,情况刚好相反,电力供大于求。为了协调和解决这个矛盾,很多城市都开始实行"分时电价"。例如,自2002年起,上海市供电局对浦东国际机场实行分时电价制:22:00～06:00为谷值时段,电价0.227元/kW·h;08:00～11:00和18:00～21:00为峰值时段,电价1.032元/kW·h;其余为平价时段,电价0.661元/kW·h。峰谷电价比为4.5∶1,绝对价差0.805元/kW·h。因此,如果企业用电能够"避峰用谷",则既可减少电费支出,给企业带来经济效益;又可缓解社会用电紧张,具有明显的社会效益。正是在这样的背景下,浦东国际机场二期能源中心采用了蓄冷空调技术。浦东机场二期能源中心主要服务于二号航站楼、交通中心和远期航站楼主楼。二期能源中心总设计冷负荷为85 179 MW(24 400 RT),热负荷为501 665 MW。

　　浦东国际机场的蓄冷式空调系统也称"热储能系统",其工作原理就是在用电低谷时间(也是建筑空调用冷低谷时间),开启电动制冷系统,并采取蓄冷设备进行冷能储蓄;在用电高峰时间(一般也是建筑空调用冷高峰时间)将储蓄冷能释放出来用于空调,此时机制冷机可以不开或少开。由此可见,"蓄冷空调"对城市电网的利用采取了"避峰用谷"策略。

　　冷能储蓄可利用水、冰、共晶盐水混合物等热媒。其中,水为显热热媒,其蓄冷、放冷是通过热媒自身温度下降和上升来实现的,蓄冷、放冷过程中热媒保持液体状态不变,只有温度变化,属于"显热"蓄冷;冰、共晶盐水混合物为潜热热媒,其蓄冷放冷是通过热媒自身的温变和相变(液相变固相、固相变液相)来实现的。相变过程中,热媒释放或吸收大量的凝固潜热或溶解潜热,属于"显热+潜热"的蓄冷方式。目前,共晶盐水混合物蓄冷系统由于受蓄冷介质相变次数限制,蓄冷释冷过程换热性能较差、系统初投资和运行费用高,使用较少。空调蓄冷系统中水蓄冷和冰蓄冷应用较多。

　　水蓄冷系统可直接与常规空调系统匹配,制冷机组蓄冷时蒸发温度为4℃,机组性能系数较高。系统可利用消防水池、蓄水设施或建筑物地下室作为蓄冷容器,降低水蓄冷系统初始投资。系统设备投资少、运行效率高、使用维护简单,缺点是单位体积热容量小,蓄冷装置占地较大。当蓄冷量大于7 MW·h或蓄冷容积大于760 m³时,只要场地、空间许可,水蓄冷系

统的经济性优势非常显著,且蓄冷罐体积越大,单位蓄冷量投资越低。因此,在经过近一年的技术经济与运营管理方案的比选之后,浦东机场二期能源中心采用了水蓄冷系统。

水蓄冷系统主要由制冷机组、蓄冷槽、蓄冷水泵和自控系统等设备组成。其中的关键技术,就是在满足供冷负荷需求前提下,维持较大的蓄冷温差、提高蓄冷效率,防止蓄水槽热回水与储存冷水之间混合。自然分层水蓄冷是一种结构简单、蓄冷效率较高、经济性较好的蓄冷方式,应用广泛,被浦东国际机场二期能源中心所采用。

蓄冷罐对系统蓄冷效果和运行稳定有重要影响。浦东国际机场能源中心蓄冷罐为钢制直立罐(图 9-2)。罐直径 26 m,高 21.86 m,容积 11 600 m³。罐顶和底板分别均匀布置 5 327个圆柱形布水口。蓄冷罐外壁用聚氯乙烯保温。蓄冷罐利用水的温度-密度特性,实现冷水、温水的自然分层。水的密度与温度密切相关。水温大于 4℃时,温度升高、密度减小;0～4℃(准确值为 3.98℃)范围,温度升高、密度增大,4℃时密度最大。在蓄冷罐中,温度为 4～6℃的冷水沉在蓄冷罐下部,10～18℃的温水聚升到蓄冷罐上部,从而实现冷热水自然分层。蓄冷罐上、下部设置布水器,分别供温水、冷水流入或流出。为保证自然分层效果,应控制水流

图 9-2　浦东国际机场水蓄冷能源中心

的雷诺数(Re 数)、弗朗特数(Fr 数),以防水的流入或流出对蓄冷罐造成扰动。

浦东国际机场二期能源中心蓄冷罐体积庞大,国内尚无先例,国外亦属罕见。为保证水蓄冷系统运行可靠、高效,机场委托研究机构采用流体力学方法对水蓄冷罐进行建模、仿真计算,得出直观的罐内温度场、速度场及其随时间的变化。深入、系统的研究为蓄冷罐的设计优化奠定了基础。

浦东国际机场蓄冷空调可采用四种工作模式,即主机(电动冷水机组)供冷、主机供冷十罐蓄冷、主机供冷十罐放冷、蓄冷罐供冷。后两种模式中蓄冷罐都参与承担空调冷负荷。根据计算,浦东国际机场二期能源中心每年供冷期总计 180 天,其中 100%、75%、50% 和 25% 冷负荷率(实际供冷负荷/设计冷负荷)所对应天数分别为 24 天、60 天、60 天和 36 天。不同的冷负荷强度,应采用不同的蓄冷空调运行策略。

采用水蓄冷的浦东国际机场二期能源中心,在运营后证明非常成功,随后成了行业标杆。该项目获得了明显的技术、经济和环境效益:

(1) 实现了对社会电力的"避峰用谷"。由于二期能源中心冷负荷巨大,所以"水蓄冷"方案对缓解城市用电供需矛盾作用显著。

(2) 与常规电力冷水机组制冷和冰蓄冷方案相比,水蓄冷具有节约建设投资、日常运行费用低的显著优势。

(3) 由于水蓄冷空调电力消耗小(比电制冷减少用电 0.3%,比冰蓄冷减少用电 17%),因此有助于机场节能减排。

鉴于水蓄冷系统在二期工程中取得了巨大成功,虹桥国际机场空间工程和浦东国际机场三期工程依然采用了水蓄冷的方式。

62. 创建航站楼能耗评价模型

对机场航站楼进行综合和分项能源利用效率进行评价是具有重要意义的。事实上,只有当我们能够计算出既有航站楼建筑在其设计(结构、建筑、暖通、照明、给排水等)条件下的总能耗、分项能耗,并将其与其他航站楼建筑进行比较,我们才能在建筑能耗上判断孰优孰劣,从而知道从哪里着手降低能耗。

为了实现节能目的,浦东国际机场 2 号航站楼在方案设计和优化过程中,在我国首次建立了一套航站楼能耗评价方法,这对于我国机场航站楼节能、节能改造和能效评价都有重要

的示范和借鉴意义。

　　根据初步设计,设计单位先建立了航站楼建筑能耗基本模型。为了评价和优化浦东国际机场 2 号航站楼设计方案,设计人员又分别参照我国上海市工程建设规范《公共建筑节能设计标准》和《美国非住宅建筑节能标准(ASHRAE 90.1 - 2001)》,建立 2 号航站楼的两个可比较的建筑能耗基准模型。

　　上海建筑节能标准对维护结构如玻璃、外墙和屋面的传热系统,对照明配电负荷,空调主要设备效率、电机效率等作了最低限规定。在建立上海建筑能耗模型时,需将上海标准中规定的最低指标代替 2 号航站楼基本模型的相应参数,同时保留基本模型中的其他输入信息。ASHRAE 90.1 是目前美国通用节能标准,达到这一标准也是绿色建筑 LEED$_{TM}$ 认证的起评线。ASHRAE 90.1 包括强制性标准、描述性方法和能耗成本预算方法。强制性标准对窗墙面积比、天窗面积比、屋面传热系数、外墙传热系数、外窗(包括透明幕墙)传热系数和遮阳系数,屋顶天窗传热系数与遮阳系数、底面接触室外空气的架空(或外挑)楼板,照明功率密度,空调主要设备效率,电机效率等性能参数作了最低限度规定。在满足强制标准前提下,允许采用描述性方法或能耗成本预算方法来检验设计是否符合 ASHRAE 90.1。描述性方法对各能耗系统及控制作了详细规定,如窗墙比、空气热回收、空调变流量控制等。为使项目实施富于弹性和可操作性,也可用能耗成本预算方法来替代描述性方法。即如果原设计模型能耗,比用描述性方法建立的模型能耗低,也视为符合 ASHRAE 90.1。2 号航站楼的 ASHRAE 模型就是在满足强制性标准基础上用能耗成本预算方法建立的。上海市规范对空调系统控制和系统要求未作规定。其所限定的其他最低限值,相对目前技术水平和能耗状况也偏于保守。相比之下,ASHRAE 90.1 代表了较高的建筑节能水平。

　　华东建筑设计研究院采用建筑能耗逐时分析软件 Equest 3.5,对各模型条件下的浦东国际机场 2 号航站楼和二期能源中心进行能耗计算。将基本模型分别与两个基准模型进行总体能耗和分项能耗比较,再进一步针对基本模型的差距进行改进,得到 2 号航站楼的优化模型。最后再将优化模型与两个基准模型作比较,即可知道优化模型优为几许、优在何处。在此研究的基础上,设计方案主要在七个方面进行了方案优化:玻璃幕墙;照明配电负荷;自然通风;变风量空调;自然采光;高效冷水机组;空调二次冷热水泵变流量,最后得到了 2 号航站楼优化模型,即 2 号航站楼的最终设计方案。

　　根据优化模型计算结果,可知照明配电占 2 号航站楼和能源中心总能耗的 39%,空调(包括制冷机、水泵、风机、冷却塔)占 32%,室内设备占 29%。与基本模型、上海基准模型、

ASHRAE 基准模型和浦东国际机场一期工程(1 号航站楼和一期能源中心)相比,2 号航站楼优化模型(对应实际设计方案)在全年能耗指标、全年能耗成本指标有如下优势:

(1) 与基本模型比较,年节电率 54.9％,年节电量 1.3 亿 kW·h,年减少电费支出 57.9％。年节能 49.7％,年减少能源支出 56％。

(2) 与上海基准模型比较,年节电率 17.6％,年节电量 0.23 亿 kW·h,年减少电费支出 17.7％。年节能 13.7％,年减少能源支出 16.3％,优于上海市《公共建筑节能设计标准》。

(3) 与 ASHRAE 90.1 基准模型比较,年节电率 14.2％,年节电量 0.18 亿 kW·h,年减少电费支出 11.8％。年节能 10.2％,年减少能源支出 10.4％,优于《美国非住宅建筑节能标准》(ASHRAE 90.1 - 2001)。

(4) 与浦东国际机场一期工程相比,单位面积节电 10.7％,单位面积节气 75％(因一期为热电联供,燃气轮机耗气量大,但发电供航站楼使用),单位面积总能耗(电＋天然气)减少 42％,全年总耗能成本节约 30％。

根据以上数据可以确认,浦东国际机场 2 号航站楼和二期能源中心,通过设计方案优化,在建筑节能方面取得了十分显著的成效。

63. 减少排放、护佑蓝天

民用机场作为航空器、地面勤务车辆、各种陆侧交通载运工具的汇集和使用场所,作为大量电能、热能、冷能的消耗场所,作为周期性进行改建、扩建的交通基础设施,在其建设和日常运行中都会对大气环境有重要影响。在机场日常运行中,也会有大量污染物排入机场大气环境。这些污染物来自航空器发动机和辅助动力装置(auxiliary power units, APU),地面勤务车辆(引导车、罐式加油车、管线加油车、牵引车、电源车、气源车、空调车、垃圾车、清水车、污水车、食品车、行李拖车、传送带车、客梯车、除冰车、消防车、救援车等),场道维护保障车辆(巡视检查车辆、压路机、割草机、标志喷涂车、道面维修车辆、除冰雪车辆等),能源供给设施(发电机、供热锅炉、制冷机等),供油设施(油罐、加油栓井、加油站)和机务维修设施(机库、喷漆车间、发动机试车台等)。另外,在机场施工中还会有大量的粉尘、机械设备车辆尾气排放等。因此,机场要减少污染排放是一件非常复杂的事情,涉及众多设施设备,涉及机场的新建和改扩建施工,涉及日常运行的方方面面。

与机场航空器噪声相比,机场大气污染具有累积性。只要航空器飞行停止或减少,机场

航空器噪声会立即消失或缓解,但机场大气污染物则往往会发生积聚、沉淀和累积,以至长期影响大气质量。机场环境专家预言,随着相容性规划等措施实施,未来机场的航空器噪声影响会逐渐缓解,而大气污染会成为机场的头号环境问题。如何有效减少机场建设和日常运行中有害气体和温室气体排放,进而保护机场及其附近的大气环境质量,已成为民用机场建设和管理者的重要课题。浦东国际机场对机场大气环境保护做了许多工作。

一、能源供给、适度集中

浦东国际机场区域广大,设施繁多,能源(电能、热能和冷能)消耗惊人。如何进行机场的能源转换和输配规划是一个非常复杂和关键的问题。规划思路是否正确,将直接对未来机场总体能源利用效率、能否可靠输配、利用是否便捷产生重要影响。早在浦东国际机场一期工程建设时,就根据冷热能用户空间分布、用能数量和时间分布,确定了"大集中、小分散"能源供给布局策略。对负荷高、区位集中用户,采用能源集中供应方式,即所谓"大集中"。浦东国际机场这么大的场区,对应两个航站楼和一个卫星厅,目前只设置三个能源中心。对负荷低、区位分散的用户,采用分散供应方式,即所谓"小分散"。"大集中"有利于提高能源利用率和转换率、减少设施占地,发挥规模效益;"小分散"则有利于减少能源输送损失、实现按需供应,避免长距离的大马拉小车。

根据能源工程理论,集中、大规模进行能量转换、输送与分散、小规模方式相比,具有转换效率高和输送损耗低的优点。大集中还给能源集中管理、集中计量和集中优化创造了条件。以集中供热与分散供热为例,据粗略测算,同比可节能 10%~30%、减少二氧化硫排放 90%、减少烟尘排放 50%。这也就意味着,在同样用能需求情况下,"大集中"模式具有明显节能优势,且规模越大、优势越显著。而"节能"就意味着"减排",包括大气污染物(二氧化硫、粉尘等)和温室气体(二氧化碳)的排放减少。以目前浦东国际机场的燃气消耗量,如果能源利用率减少 10%,则要多消耗燃气 3 962 m³/ h,折合排放二氧化碳为 3 962×1.96 = 7 766 kg/ h,即每小时要多向空中排放 7 766 kg 二氧化碳,由此可见大型能源中心对机场节能减排的作用。

二、清洁燃料、源头减排

浦东国际机场的几个能源中心采用哪种燃料,对浦东国际机场大气品质有重要影响。还在建设之初,机场建设者就坚持清洁发展道路,做出了以天然气为机场主用燃料的决策,迄今也没有发生变化。与柴油、燃煤相比,工业锅炉以天然气作为燃料时,其污染物排放量最低,灰粉可以忽略不计。

根据燃烧化学反应和计算可知,在产生相等热值情况下,天然气、柴油和烟煤所产生的 CO_2 质量比为 $1:1.33:2.34$,天然气燃烧后没有 SO_2 生成。因此,浦东国际机场采用天然气作为主用燃料,与全用柴油相比 CO_2 减排 25%,与全用烟煤相比 CO_2 减排 38%。从这个意义上讲,天然气不仅是清洁燃料,还是低碳排放燃料。

另一方面,考虑到天然气价格的市场波动,以及垄断因素等的影响,为保持浦东国际机场公司的议价能力,我们在一期能源中心采用了油气两用锅炉。

三、跑滑优化、飞机减排

飞机是机场大气污染的主要贡献者。飞机在机场起飞、着陆、滑行和开车等待时,飞机发动机[在站坪时还包括辅助动力装置(auxiliary power units,APU)]会产生一定量的污染排放。根据国际民航组织调查统计,飞机在一个起降循环中,航空器在地面处于滑行/怠速的时间约占 80%。此时,飞机发动机处于低转速或怠速状态,很容易发生不完全燃烧,产生较多的氧化碳(CO)和碳氢化合物(HC)气体。

浦东国际机场为减少飞机的污染物排放,主要可通过以下两条途径:减少飞机地面滑行距离,即减少出港飞机从机位到跑道端、进港飞机从跑道脱离位置到机位的距离;提供与需求相适应的跑道、滑行道、机坪和机位容量,避免飞机的空中和地面等待。因此,凡是有助于提高机场运行效率的举措(如提高跑道容量、减少滑行距离等),都有助于机场的节能、减排。

机场运行效率与多方因素有关,但飞行区规划设计很大程度上具有决定性。多年来,与国内其他机场相比,浦东国际机场在总体规划研究、编制和修编方面倾注了大量心血。通过专题立项研究、委托国内外专业公司进行咨询服务,使得规划方案在提高机场运行效率方面具有显著优势。主要表现在以下几个方面:

(1) 浦东国际机场是国内最早采用近距跑道构形的机场。这是在对"一组近距跑道能够满足高峰小时起降 60 架次"的充分论证以后做出的决定。与中、远距相比,近距跑道占地较小、功能集约。近距平行跑道构形使外侧着陆飞机向航站区的滑行距离明显缩短。

(2) 优化了飞机的滑行道网络。平行滑行道、快速出口滑行道、垂直联络道、绕行滑行道、站坪滑行道等,为飞机在地面织成了一张四通八达、紧密衔接的滑行道网。再加上站坪车辆的地下穿越等设施的规划建设,确保了飞机选择安全、快捷的滑行路线。

(3) 快滑出口位置优化。为有效减少着陆飞机的跑道占用时间,设计中采用跑道出口设

计交互式模型对跑道快滑位置进行优化,使着陆飞机跑道占用时间平均控制在 50 s 左右,增加了跑道容量。

（4）规划设置绕行滑行道。通过绕滑的规划建设,可避免机场 C 类及以下机型穿越跑道,从而有助于提高跑道容量。

（5）合理的跑道运行方式。相对于航站区,机场采用内侧跑道起飞、外侧跑道着陆运行方式,这使得重量大的起飞飞机用内侧跑道,滑行距离较短,有利于减少油耗;根据管制规则,起飞飞机间隔小于着陆间隔,所以起飞跑道容量一般大于着陆跑道,但内侧跑道由于航空器穿越而容量有所降低,“一增一减”有助于两条跑道容量平衡;外侧跑道没有穿越干扰,有利于飞机随时着陆、符合着陆优先管制原则,有利于增加着陆容量。

（6）允许适当穿越跑道有助于减少大型着陆飞机(E 类飞机)滑行距离。同时,规划建议尽量使用距跑道入口较近的穿越点,以便运行更加快捷和安全。

（7）航站楼空侧与机坪、机位的科学布局。航站楼空侧周围地区为集中布置尽可能多的近机位创造了条件;采用组合机位和可转换机位,增加了机位的适应性,极大地提高了站坪使用效率。

浦东国际机场通过提高飞机在地面运行的效率,取得了显著的飞机节能、减排成效。

四、桥载设备、地服减排

飞机的辅助动力装置(APU)是飞机上的一台小型涡轮发动机,靠燃烧燃油来工作。APU 能独立向飞机提供气源和电源,少量 APU 还能给飞机提供附加推力。通过 APU 供电、供气,即可启动飞机发动机,使之开始工作。通常,当飞机在机场地面滑行和停靠机位时,可只借助 APU 来实现飞机机载设备供电和机舱空调、照明。如果飞机在机场时 APU 不工作,则飞机发动机启动、机载设备供电、机舱空调和照明的保障,必须借助电源车、气源车和空调车等地面勤务车辆才能实现。

飞机停在机坪上时,其 APU 工作会对机场大气环境造成严重污染。同样,地面勤务车辆,如电源车、气源车和空调车等工作时也会对大气环境造成负面影响。如果飞机在机坪上关闭 APU,也不用电源车、气源车和空调车,而是代之以没有大气污染的设备,则对保护机场大气环境颇有益处。

浦东国际机场是国内第一个大规模(全部近机位)使用桥载电源(Bridge mounted GPU)和桥载空调(Bridge mounted PCAU)的机场。

图 9-3　浦东国际机场桥载电源和桥载空调

桥载电源和桥载空调的优势简而言之,就是"减排、节能、经济、降噪、安全"。

(1) 减少排放。利用桥载电源和桥载空调而不使用 APU 来向飞机供电、供空调时,由于 APU 完全关闭,其大气污染完全消失。

(2) 节能、经济。对航空公司而言,不用 APU 或电源车、气源车而代之以桥载设备,具有节约航油、延长 APU 寿命、减少维修成本、减少地面供电与空调费用支出等优势。

(3) 降低噪声。桥载电源和桥载空调工作时也有噪声,但与 APU 噪声相比则是"小巫见大巫"。因此利用桥载设备,有利于站坪区域降噪,对改善航站楼附近声环境,改善勤务和机务人员劳动环境、减少事故都有利。特别是采用桥载电源和桥载空调后,没有了飞机带来的大气污染和噪声污染,航站楼就可以向站坪开窗,这就有利于航站楼节能减排、节约运营成本。

(4) 提高机坪安全水平。使用桥载电源和桥载空调,而不是用电源车、气源车,减少了机坪保障车辆,有助于降低航空器、车辆、人员碰撞事故,改善机坪安全。

鉴于桥载电源和桥载空调的诸多优势,浦东国际机场在国内率先大规模开展了桥载设备应用探索。浦东国际机场自 2000 年起,通过组建项目组、召开推广介绍会、调整收费标准、延伸产品附加服务等一系列营销手段,进行积极推广。浦东国际机场 1 号航站楼空侧共有 28 个桥位,每个桥位均配置了 400 Hz 电源和飞机空调,并且 2000 年就已经投入使用。2008 年 3 月,浦东国际机场 2 号航站楼登机桥 400 Hz 电源和飞机空调各 44 台投入使用。现在,几乎所有国内外航空公司都使用浦东国际机场提供的桥载电源和桥载空调。这对减少机坪有害气体和温室气体排放发挥了显著作用。

五、交通枢纽、陆侧减排

在浦东国际机场,每天都有大量的旅客及其迎送者、机场员工、航空公司和各种地面服务、客货代理机构工作人员,通过各种陆侧交通工具进出机场,在机场区域汇集了大量的人流、物流和车流,向机场空气中散发大量的有害气体和温室气体。如何有效减少机场来自陆侧交通工具的大气污染,已成为浦东国际机场大气环境保护的重要课题。

浦东国际机场在陆侧交通规划中,通过规划建设浦东国际机场"一体化交通中心"这一开创性的、富于远见和成效的陆侧交通方式,为机场客货运输的可持续发展,包括陆侧交通大气污染的防控奠定了良好基础。其中,特别值得推崇的,就是"公交优先"理念的践行。只有"公交优先"才能确保浦东国际机场最大限度地减少了陆侧交通工具的污染排放。

浦东国际机场通过"一体化交通中心"的规划建设建立起了人车分离、客货分离、快慢分离、动静分离、公交优先的综合交通枢纽模式。其旅客换乘步行系统和多车道边的人车转换系统,使进出机场的人群,不论采用何种交通方式,都能享有通达、快捷和舒适的交通品质,从而最大限度地避免了机场外、机场内和航站楼前的交通拥堵。

浦东国际机场在陆侧交通系统的规划中,坚持"既适应、又引导"的策略。所谓适应,就是根据目前的交通状况采用合适交通方案,保证机场陆侧交通的有效、通畅;所谓引导,就是密切结合上海国际大都市未来交通发展趋势、发展规划以及浦东机场的终端容量,因势利导,牢固确立"公交优先、公交主体"的交通方式架构,统一规划、分期实施。根据浦东国际机场总体规划,远期的交通方式结构如表9-4所示。

表9-4 远期浦东机场的交通方式结构预测

序 号	交 通 方 式	出 发	到 达
1	磁浮、地铁、铁路	30%	30%
2	机场专线公交	15%	15%
3	长途公共汽车	5%	5%
4	旅游巴士	8%	8%
5	社会车辆	28%	26%
6	出租汽车	14%	16%

注:表中前4种属于公共交通方式。

机场终端规划年客运能力1亿人次左右,对陆侧交通的有效性、可靠性要求很高。虽然目前我们看到浦东国际机场陆侧交通正一步步朝既定方向迈进,磁浮、地铁、机场快线、机场专线公交、长途公共汽车、旅游巴士等公共交通方式已在机场集疏运体系中发挥着重要作用,但是对比表9-4中对远期陆侧集疏运体系中对公共交通所占比例的要求差距非常大,还需要我们从根本上、结构上、网络上做出更大的努力才行。

虹桥综合交通枢纽的案例告诉我们,表9-4的公共交通目标占比是有可能实现的。目前,虹桥综合交通枢纽已经超越了浦东国际机场的这个预测的比例。相比之下,在浦东国际机场我们还需要做很多艰苦的工作才能达成此目标。

六、废物收集、无害处理

浦东国际机场在运行中要产生相当数量的固体和液体垃圾。固体废弃物主要包括航空器垃圾、航站楼垃圾和地面垃圾。液体垃圾则主要包括航空器污水和航站楼污水。机场垃圾如果处理不当,会对生活、大气、水环境以及土壤等造成污染。特别是来自外航飞机的垃圾,如不进行严格的焚烧和消毒处理,还可能造成病菌、病毒传播、疫情扩散,危及人体健康和环境卫生。

浦东国际机场从一期工程开始,就非常重视机场废弃物处理。分别针对固体和液体废弃物,建立了严格的处理标准,建设了处理设施。为处理航空垃圾,浦东国际机场一期工程建设了处理能力30 t/d的垃圾焚烧系统。航空垃圾焚烧厂采用性能稳定、工艺简单、运行方便的回转窑焚烧处理工艺,能够实现航空垃圾、废油及垃圾渗沥水等不同类型废弃物的混合焚烧。燃烧烟气净化除尘采用了国内外较成熟的石灰乳脱酸和布袋除尘,运行费用低,处理后烟气污染物排放浓度完全符合控制标准。进料系统采用水平给料机同双道液压控制闸门协同工作,有效解决了垃圾堆积架桥问题,确保了垃圾进料系统无故障运行。自控系统可根据炉内烟气温度、含氧量、烟气成分来控制一次燃油、一次风机与二次燃油、二次风机工作,实现了焚烧系统全过程自动控制。燃烧残渣用密闭专用车辆运至垃圾填埋场进行处理,燃烧烟气经二次燃烧后,通过布袋除尘器后排放。

这是国内第一个机场专用的航空垃圾焚烧厂。但是,由于规模太小等原因,该项目在经济性和运营管理上并不成功。

64. 节约资源、运营高效

浦东国际机场的建设和运行要消耗大量的资源,包括能源、土地、材料、空域和淡水等。

如何减少机场建设工程项目和机场日常运行的资源消耗,对浦东国际机场可持续发展具有重要意义。多年来,浦东国际机场始终将资源节约作为孜孜以求的目标,通过一系列机场建设和运行方案的优化,在能源、材料、淡水和空域节约方面做了很多探索。

一、节约土方

地势设计对于机场排水、场道土基稳定性和建设投资都有重要影响,必须进行综合、全面考虑。在浦东国际机场一期工程建设中,设计者首先是力争做到土方平衡。机场场区范围的河浜填土和场地平整所缺土方,尽可能由机场周围江镇河、薛家泓港、沙脚河等的改造挖方以及外来土方来平衡,并尽量减少从机场用地范围外借土;其次,要保证道面稳定性和道面结构承载力对地基强度的要求。场区中地下水位标高变动范围为 2.5~3.5 m,即在地表下 0.5~1 m 范围内变动。如果道面结构层位于地下水位以下,经常处于饱和状态,则会减少道面土基强度,造成道面结构在过大的应力作用下损坏,因此必须使道基标高处于地下水位以上。

要保证机场场区排水通畅,通常做法是通过填方抬高场区标高,确保道基在地下水位以上,再利用场区与周边区域高差将场区雨水排掉。浦东国际机场要达到如此标高,全部场区至少要填土 1.0~1.5 m 高,需填方数量 3 000 万~4 000 万 m³。由于机场周边没有取土条件,当时甚至开始研究从浙江某地通过开山取石、船载水运方式来解决填方材料问题。实施场区大规模填方,不仅实施难度大、投资高,而且对机场周边的水文环境、对机场未来的发展都会带来一系列负面影响。

为此,机场组织各方面专家反复探索,终于通过建立机场的"独立二级排水"的方案化解了这一难题。浦东国际机场独立排水系统的运用,避免了机场场区大面积填方,仅一期工程就节省填方材料 3 000 万~4 000 万 m³。其衍生了良好的环境和经济效益,如避免了开山所带来的山体、植被、景观破坏,避免了材料长途水运的能源、材料消耗等。

二、节约钢材

浦东国际机场 1 号航站楼和 2 号航站楼都采用了大跨度钢结构屋盖,建筑钢材消耗量较大。如何通过结构设计优化,实现在满足结构强度要求前提下节约建筑钢材,是浦东国际机场一期和二期工程关注的问题之一。1 号航站楼采用了法国巴黎机场集团的建筑设计方案。该方案虽技术可行,但并不经济。施工图设计单位经过一系列结构优化后,减小了构件数量和断面。将原设计中屋面用钢量 106.4 kg/m² 减少为 81.0 kg/m²,单位面积用钢量减少

24%。2 号航站楼钢结构屋面,通过采用 Y 形钢柱支承多跨连续张弦梁的结构优化,支柱从原先每隔 9 m 一根变为每隔 18 m 一根,支柱间距增大一倍、支柱数量减少一倍,但支撑效果并未打折扣。钢支柱数量的减少,使得钢材节省 12%。

三、吹砂补土

浦东国际机场第二跑道位于第一跑道东侧,靠近海边,土地主要由围海促淤形成。1999 年 10 月第一跑道投入运行后,浦东国际机场就开始了"浦东国际机场二期飞行区驱鸟造地吹砂补土工程"。2002 年 2 月,根据专家论证,确定了"高真空降水＋强夯＋冲击碾压"的地基处理方案。2003 年 6 月,进一步明确采用刚性道面,且确定了在 20～25 年的目标年限内地基工后沉降值 30 cm、差异沉降 0.15%的标准。经过不到两年的建设,2005 年初项目完工并通过验收,并于 2005 年 3 月 17 日正式启用第二跑道。在整个浦东国际机场二期工程中,吹砂和海上采砂共获 1 456 万 m³ 海砂,节约了大量陆地土资源和运输成本,少占了耕地。其后,浦东国际机场第四、第五跑道的吹砂补土工程的顺利完成,在建筑材料和陆地土资源节约方面带来了巨大的经济效益和环境效益。

浦东国际机场吹砂补土建成的第二跑道如图 9-4 所示。

四、强基薄面

机场道面是指供航空器在机场起飞、着陆、滑跑、行驶和停放之用的跑道、滑行道和机坪。道面是机场最重要的基础设施和运营资源。机场的运行和安全离不开机场道面。在浦东国际机场建设中,机场道面的设计、施工是最重要内容之一,是投资仅次于航站楼的建设项目。为减少投资和适应机轮荷载应力从上到下逐渐减少的特点,机场道面通常采用不同材料的层状结构,面层采用强度较高的水泥或沥青混凝土,面层下的基层(垫层)则采用便宜和强度差一些的材料,最底层为经过压实的土基。机场道面的面层厚度,对机场道面强度和建设投资有重要影响。在同样条件下,如果道面土基强度较高,则道面面层、基层厚度都可适当减少,即所谓"强基而薄面"。浦东国际机场主要通过"道面局部减薄""设计、工艺创新,提高道面强度"、"强基薄面、减薄面层"三个措施对道面结构设计进行优化,进而实现材料节约、投资降低。

五、清水混凝土

浦东国际机场的建筑大量采用清水混凝土,一次浇注成型、不做任何外装饰,直接利用现

图9-4　浦东国际机场吹砂补土建成的第二跑道

浇混凝土外部作为饰面。设计、施工上乘的清水混凝土建筑,表面光洁、色泽均匀、浑然一体,使建筑呈现出古朴、庄重的气息,具有独特的建筑审美价值。简约不简单、素朴而高贵、历久而弥新。但是,清水混凝土要达到设计效果,对模板配置、混凝土原材料、浇筑振捣工艺、表面修饰保护等都有较高要求。我们在浦东国际机场1号航站楼、2号航站楼中都大量采用了清水混凝土。为了保障清水混凝土建筑施工质量,我们制订了严格的清水混凝土外观质量标准,对砂带、挂浆、漏浆、冲刷痕迹,油污,墨迹、锈迹、色差、蜂窝等做出严格规定。编制了《清水混凝土结构构件允许偏差》《钢模板加工要求和验收标准》《钢筋绑扎质量验收标准》《清水混凝土操作工艺卡》等规范和工法。

六、有效利用空域

　　机场空域是民用机场的重要资源,对机场正常、安全和高效的运行有重要影响。如何节约和有效利用空域,对机场可持续发展意义重大。在浦东国际机场发展过程中,我们始终高度关注机场空域的节约和有效利用。为了节约空域,达到有效利用空域的目的,在浦东国际机场第一、第二、第三、第四跑道启用前,浦东国际机场都会同华东空管局,对上海地区的空域结构、航线走向等进行局部调整。但是,由于种种原因,上海地区的空域利用还存在许多问题。为了适应浦东国际航空枢纽港的发展战略,华东空管局、上海机场集团等联合开展了上海地区空域中长期规划工作。规划的总体设想包括取消空中走廊、优化飞行进出点;划设专用进港和离港扇区,便捷飞行,发挥机场多跑道优势;建立统一的上海管制终端区,统一飞行方法、管制方式、间隔标准,形成以浦东国际机场为中心,半径 100 km 的雷达引导区域;引入过渡航线,缓解航路飞行矛盾;在上海终端区内实施全面雷达管制等。从上述设想出发,浦东国际机场进离港航线进行了多次调整,既有效形成了单向进出、进离场分离格局,又对既有航路进行了优化。同时也对新增导航设施也进行了规划。这些规划调整工作的基本目的,就是节约并有效利用空域,为浦东国际机场创造良好的空域条件。

七、雨水回用

我国是干旱缺水国家,人均淡水资源仅及世界平均水平的四分之一,全世界排名 121,属全球 13 个人均水资源最为匮乏的国家之一。因此,节约用水、有效利用水资源对我国尤其重要。浦东国际机场的日常运行需要耗费大量水资源。除饮用水外,卫生间冲厕、空调系统冷却、植物景观绿化等都需要水。机场必须要在减少用水、有效用水方面做文章、下功夫,保证机场的可持续发展。浦东国际机场场区年降雨量可达 3 600 万 t,雨水资源非常丰富。于是我们研究了雨水利用的可行性,规划采取利用机场全长达 32 km 的围场河储水,总容量可达 380 万 m³,围场河流速缓慢,宛如大沉淀池,有利于保持良好水质。围场河两个出海口,均建有水闸泵站,可通过排、引功能控制水位,便于控制储水容量。我们选取了 3 个取样点对围场河水质进行监测和评价,经分析发现地处江镇河口的取样点流通畅,水质较好。于是,就将回用雨水处理站的取水点设在该处。按照规划,回用雨水将主要用于航站楼、卫星厅部分楼层冲厕、场区绿化灌溉和能源中心冷却水补水。

⸱⸱⸱⸱⸱⸱ ◦ **本章感言** ◦ ⸱⸱⸱⸱⸱⸱

机场可持续发展的核心课题就是"节约资源、运营高效""环境友好、环境适航"加"投资管控、财务可持续"。

　　节约资源,包括节约能源、土地、材料、空域和淡水等等。节约本身不是目的,节约资源的目的之一是为了达到运营高效。通常我们节约资源的结果是机场运营设施的集约,从而带来的就是运营的高效。因此,"节约—集约—高效"是一个非常自然的逻辑过程。"节约资源"几乎就等于"运营高效"。

　　"环境友好、环境适航"说的是一张纸的两面,环境友好和环境适航它们是一对对立统一体。只有实现了环境友好,机场才具备可持续发展的空间。但环境友好又是为了环境适航,是为了保证机场能够提供满足飞行需要的时空条件。

　　机场固定资产的投资规模决定机场的运营成本,且非常刚性。所以我们必须高度关注基本建设,因为基础设施的建设实际上是在搭建机场发展战略的实施平台。管住了机场固定资产的投资,就管住了机场的运营成本;成本管控好了,机场财务可持续发展的基础就有了。

第 10 章

结 语

　　浦东国际机场的故事讲到这里并没有结束。

　　30年、半个甲子、而立之年的浦东国际机场正值意气风发、风华正茂。长身体的时代已经基本结束,接下来就是走向成熟、集聚内涵的时代。

　　回首过去,我们为浦东国际机场总结经验和教训,探寻它的历史定位。

　　展望未来,我们为浦东国际机场预测兴盛与危机,研讨它的历史责任。

65. 浦东国际机场的历史定位

　　浦东国际机场诞生于上海改革开放的时代,从一开始就是改革开放的明星,就是浦东新区最重要的大型公共基础设施,就是上海对外开放的门户,也是中国民航改革开放的排头兵。它开启了浦东新区对外开放30年的历史。以浦东国际机场为支点,上海市撬动了以浦东新区为代表的外向型经济的高速发展,也将浦东国际机场打造成了国家改革开放的标志之一。毫无疑问,浦东国际机场是中国"改革开放的排头兵,规划建设的试验田"。

　　浦东国际机场算不上世界上规划得好的机场,也不是国内规划得最好的机场,它甚至也不是我个人参与规划的机场中规划得最好的机场。2010年竣工投运的虹桥国际机场扩建工程也许更能代表我们的最好水平。但是,浦东国际机场却是一部我们上海机场集团近30年发展的史书,它甚至还浓缩了中国民航机场30年改革开放的历史。浦东国际机场就是我们用钢材、混凝土、玻璃等各种建筑材料写成的一部改革开放的史书。

　　浦东国际机场是国内第一个"从一开始就以国际航空枢纽为目标规划建设的机场"。1999年9月16日,上海浦东国际机场举行竣工通航仪式(图10-1)。经过20多年的规划建设,浦东国际机场已经成为国内最早的"机场上市公司";国内最大的"国际旅客量"和"国际货运量"的机场。并具有国内最高的"门户中转率";也是境内最成熟的"复合型国际枢纽机场"(其指标体系包括:国内外航线网络、客运量、货运量、国际旅客量、国际货运量、基地公司的

图 10-1　上海浦东国际机场举行竣工通航仪式

旅客中转率,以及可持续发展度等)。

　　在过去的 20 多年中,浦东国际机场无论是在规划建设方面,还是在运营管理方面,都取得了巨大的成功。这是一个需要英雄,也出现了英雄的时代!通过一期工程的规划建设,我们提出了浦东国际机场总体规划的基本结构,稳定了规划发展的土地资源。通过二期工程的规划建设与改革,我们进一步稳定了浦东国际机场的规划布局;确立了以运营为导向的规划建设原则;同时还建立起了"统一指挥、分区管理、专业支持、配套服务"的运营管理模式和全新的公司治理结构;通过三期工程的建设与运营,进一步完善和拓展了浦东国际机场的发展空间和系统生态,基本达到了我们最初的规划目标。

　　在这 20 多年中,浦东国际机场在规划建设与规划管理方面有许多成功之处,大的方面主要有以下几点:

　　(1)总体规划长期稳定,功能分区明确,空间结构稳定,发展平稳有序。总体规划的稳定归功于规划方案具备非常好的"弹性",即具备较大的"容变容错能力"和较好的"纠错可能性"。

(2) 机场总体规划与上海航空枢纽发展战略、项目融资方式、机场运营管理改革等协调一致,发展稳定且契合需求。

(3) 机场规划管理到位,建设管理体制比较完善。

(4) 设施布局有利于投资控制,有利于分期分批发展和不停航施工,有利于减少运营风险和安全风险。

(5) 在浦东国际机场规划中充分考虑了"环境保护与环境适航",把绿色机场的建设纳入了机场规划阶段。

(6) 在浦东国际机场规划阶段就把机场运营后的财务可持续发展能力作为首要课题,给予了充分的重视。

浦东国际机场在规划方面没有重大缺陷、没有结构性问题。但是,浦东国际机场的规划中还是有不少遗憾的。比较大的有以下几点:

(1) 由于规划设计的精细化程度不够,造成设施布置不够集约紧凑,机场用地偏大,运行效率较低。在现在的机场运营中就表现为飞机滑行距离长、旅客步行距离远等问题。

(2) 货运设施过于分散,造成口岸设施、监管设施、基础设施等的浪费和经营管理上的效率低下。同时又不利于临空物流产业园区的健康发展。

(3) 没有做到机场功能区与临空产业园区的一体化,没有建立紧密、高效的港区联系,多数情况下产业链被隔断。

回望过去的 20 多年,那真是一个激情燃烧的时代,我们深切地感觉到,与浦东新区的开发开放同行的浦东国际机场,就如同经历了机场规划建设的文艺复兴时代一样。

"这是一次人类从来没有经历过的最伟大的、进步的变革,是一个需要巨人而且产生了巨人——在思维能力、热情和性格方面,在多才多艺和学识渊博方面的巨人的时代。差不多没有一个著名的人物,不曾作过长途的旅行,不会说四五种语言,不在好几个专业上放射出光芒,他们的特征是他们几乎全都处在时代的运动中"(引自:恩格斯《自然辩证法·导言》)。

66. 浦东国际机场的历史责任

机场规划是对机场可持续发展的谋篇布局。一份科学、民主的机场总体规划应该具备极高的政治权威性和科学逻辑性。这样的权威性和逻辑性使得机场在其历史发展的大风大浪

中,能够稳坐钓鱼船。因此,我们说"规划是机场之船的压舱石"。

其实,权威性与逻辑性的结合是人类理性的表现。理性是一种能力! 更是一种素养! 我们还深切地感到,机场规划的理性需要法治来保障。现在我们在机场规划与管理领域,还面临家长制的尴尬、编制制度的不完善、决策的民主化与透明化不够、规划管理的科学性欠缺等诸多问题。机场规划法制的建设,依然任重道远。

对于浦东国际机场来说,未来 20 年,不仅要"优化治理结构、创新运营管理";而且要结合机场周围地区的规划建设"打通临空产业链、建设中国第一航空城";还要"融入长三角机场群、做好领头雁"。

一、优化治理结构、创新运营管理

对于浦东国际机场来说,要优化公司治理结构、创新我们的规划建设和运营管理,首先是要使我们从"扩张型"向"内生型"的转型,亦即从"把蛋糕做大"向"把蛋糕做精"的转型。过去 20 多年,我们顺应时代发展的要求,建立了一系列与之相适应的运营管理模式和制度机制,但它们都具有明显的扩张性,其最大特征就是投资拉动。现在,我们已经非常清楚地看到了这个发展模式的不可持续性。我们已经进入了一个新的发展时期,需要从过去以投资拉动为特征的扩张型发展模式,向以内需拉动和消费拉动为特征的"内生型"发展模式转变,真正走上可持续发展的道路。

其次是从"外向型"向"内需型"的转型。过去 20 多年,中国经济靠投资和外贸拉动,取得了举世瞩目的成就。上海机场抓住机遇规划建设了浦东国际机场,大力发展了以国际货运为代表的一系列基础设施,保障了上海经济的发展,推动了上海国际航运中心的建设。我们必须思考在"用地零增长、设施不扩建"的前提下,提高我们的服务能力和水平的方式方法,在客货运需求的内涵上做文章,在细分市场上下功夫,追求单元资产的价值增值。

再次是从"设施设备升级型"、"技术创新型"向"商业模式创新型"、"制度机制创新型"的转型。过去的 20 多年,浦东国际机场把大量的资源投入到设施设备的规划建设和改造升级上了,今天机场的硬件水平已经进入了世界最先进的行列。在技术创新方面也取得了巨大的成绩,获得了一大批科技进步奖、发明奖。但是我们在商业模式和制度机制方面却仍然远远落后于世界先进水平,这将是我们未来 10 年、20 年必须完成的历史任务。今天,浦东国际机场还没有彻底摆脱为交通配套的商业模式和缺乏竞争、缺乏激励的机制的局面,急需商业模式的创新和制度机制的创新。不找到新的商业模式和新的制度机制,我们就没法应对浦东国际机场5条跑道多个航站楼和1亿人次以上的旅客量、500万 t 货运量、100万架次的挑战,甚至没法在经济、社会转型中生存下来。

总之,浦东国际机场必须尽快完成从扩张型向内生型,从外向型向内需型、从设施设备升级型,科技创新型向商业模式创新型、制度机制创新型的转型;必须在客货运输、航班运行和产业链延伸、非航业务拓展等领域真正实现"创新驱动、转型发展";必须通过转型发展,尽快建立起中国特色的大型枢纽机场长期稳定的运营管理模式,以及新型的国有大型枢纽机场运营管理企业的发展模式;必须抓住信息技术高速发展的机遇,实现浦东国际机场的发展战略。

浦东国际机场还必须进一步提高规划建设和运营管理的水平。在这方面,我们才刚刚起步。打造一个真正"环境友好、环境适航",可持续发展的浦东国际机场,是我们的历史责任之一。

二、打通临空产业链,建设"中国第一航空城"

浦东国际机场的临空产业园,看起来都在机场相应功能区的附近,但仔细研究就会发现我们的临空产业链被有形的设施(围场河、道路等)和无形的东西(制度、法规、管理模式)给打断了、隔离了。一是航站区与商务交流区之间被一个 400 m×450 m 的水池和高架道路隔断了;二是一期货运区、东货运区远离物流园区,只有西货运区与物流产业园区的关系还算友好;三是机务区与航空产业园区的便捷连接还没有建立起来;四是整个机场与周围地区在产业逻辑上的连接都是不太友好的。

现在是到了改善这种联系、打通产业链、提高效率、做大做强的时候了。我们需要有一个完整的浦东国际机场航空城规划,让大家有共同的目标,让大家能够协调共进,让大家可以有法可依。因此,在浦东国际机场通航 20 周年之际,重启航空城开发,让浦东国际机场做称职的"地区经济发展的引擎"、带动社会经济发展,已经成为我们的当务之急。

航空城发展的内在动力是临空产业的生机与活力。因此,我们必须研究临空产业的发展规律,按产业逻辑规划布置相关产业设施。因为,产业逻辑才是航空城规划的精髓。我们必须尽快纠正过去在产业设施布局上的失误,要深刻认识到无论是在时间上、还是在空间上,我们都还有巨大的发展前景。我们有条件、也必须把我们的浦东国际机场航空城打造成"中国第一航空城"。

在航空城理论的诞生地,打造世界最尖端的航空城,将是新一代浦东国际机场人的历史责任之二。

三、融入长三角机场群,做好领头雁

2018 年,上海两个机场的航空旅客量已经超过 1.1 亿人次。根据有关方面的预测,未来 20~30 年上海的航空旅客有可能增长到每年 2 亿~3 亿人次,这是上海无法承受的。上海必须转变现行的机场发展方式,有所为、有所不为。出路就是参与规划建设长三角机场群,用一个机场体系,而不是 1~2 个机场来承担整个区域的运量。

2018 年 1 月,长三角地区(沪苏浙皖)主要领导举行座谈会,就建设长三角城市群、深化区域合作机制等议题进行了深入讨论,其间有关方面签署了《关于共同推进长三角地区民航协同发展努力打造长三角世界级机场群合作协议》。根据该协议,"各方将以提升上海国际航空枢纽功能和国际竞争力为引领,充分发挥各种交通方式的比较优势和协同作用,推动区域内各机场的合理分工定位、差异化经营,加快形成良性竞争、错位发展的发展格局,构建分工更明确、功能更齐全、合作更紧密、联通更顺畅、运行更高效的机场体系,实现到 2030 年建成世界一流城市群和世界级机场群的目标"。

因此,我们认为未来的长三角机场群应该是一个"以国际航空枢纽浦东国际机场为头雁,以萧山机场、南通机场为两翼,以虹桥机场、禄口机场、合肥机场、无锡机场等为躯干,以嘉兴、宁波、台州、温州,扬州、盐城、淮安等机场为两翼的雁群状机场体系"(图 10 - 2)。而这些机场

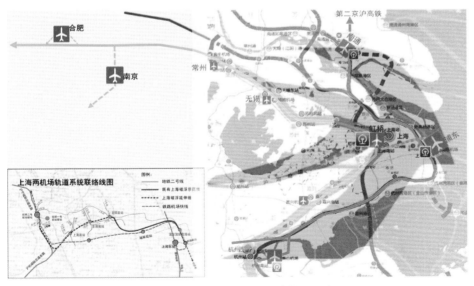

图 10 - 2　长三角机场群——启航的雁群

之间的联系一定是以高速铁路和高速公路为主的。

做"头雁"是浦东国际机场的历史责任之三。头雁是要带领大家飞向正确方向的,因此它一定是知道方向的。

浦东国际机场!加油!

附录

附录一

交通强国战略与上海机场发展之路*

上海两个机场在上海世博会当年的生产指标达到了旅客量 7 188 万人次、货运量 360 万 t 和飞机起降 54.5 万架次。从此,上海机场走进了两位数高速增长时代。2017 年的三大生产指标为旅客量 11 189 万人次、货运量 423 万 t 和飞机起降 76 万架次。我们认为上海机场已经步入了一个新的发展时期,如何调整 30 年来建立起来的发展模式,完成眼前面临的转型发展,成了面临的最大课题。

一、"创新驱动、转型发展"是时代主旋律

为了"加快完善社会主义市场经济体制和加快转变经济发展方式",党的十八大明确提出了"全面深化经济体制改革""实施创新驱动发展战略""推进经济结构战略性调整""推动城乡发展一体化"和"全面提高开放型经济水平"的发展战略。"创新驱动、转型发展"已经成为我们这个时代经济发展的主旋律和关键词。上海市委更是明确提出:"经济发展不是单纯地追求增长,而是要紧紧抓住创新驱动、转型发展这个总方针,克服上海经济转型中的阵痛,克服土地资源紧张、劳动力成本上升带来的压力,更加注重质量效益,更加注重降低成本,更加注重未来发展空间,力争未来几年在科技创新、制度创新、产业升级方面取得实质性突破。"同时要求广大党员干部:"要切实强化问题意识,查找分析工作中需要研究和解决的问题,分门别类、有针对性地拿出解决的办法,形成推进经济社会持续发展的具体思路。"

联系上海机场的实际,我们认为上海机场集团已经进入了一个新的发展时期,进入了机场发展的"S 曲线"的成熟阶段。按照"S 曲线"的描述,机场的三大生产指标在经历了一个高速增长的阶段以后,就会进入一个较长时间的平稳增长阶段。上海机场的年旅客量增长到 100 万人次用了近 30 年的时间,这个阶段是很缓慢的增长;随后进入高速增长期,用了 9 年的

---

* 本文发表于《交通与港航》2018 年 8 月。

时间旅客量从 100 万增长到 1 000 万人次;其后只用了 3 年时间就实现了第二个 1 000 万人次的增长;第三个 1 000 万人次仅用了 1 年时间;到了 7 000 万人次以后,增长就开始减缓了。上海机场符合典型的"S 曲线"规律,如附图 1-1 所示。

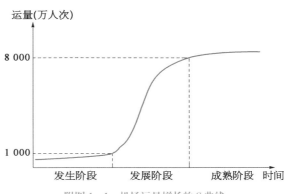

附图 1-1　机场运量增长的 S 曲线

我们还发现世界上所有大都会地区机场群的旅客量都相对稳定在 1.0 亿~1.2 亿人次之间。东京、纽约、巴黎、伦敦都没有突破 1.2 亿人次,到 1.0 亿人次之后的增长就非常平稳了。这里应该是有一点规律性的东西,可以看到国外这些特大城市在这个时期有一个很重要的特点,就是城市经济结构开始转型了,不再是追求大,其航空旅客量也就慢慢稳定下来了。另一方面,从城市的角度来看,到七八千万旅客量之后机场对城市带来的冲击,特别是其集疏运交通和飞行器噪声污染等方面的冲击已经没办法承担了。还有航路拥挤、空域限制等各方面的因素都开始向着限制旅客量增长的方向发展。这样看来,上海机场发展规划把其终端容量定在 1.2 亿~1.4 亿人次左右是符合上海实际的。我们已经慢慢感悟到了量的"增长是有极限的"! 已经认识到"S 曲线"规律中,上海的拐点在 7 500 万人次左右。因此我们急需转型,必须把党和国家的战略落实到上海机场的工作中,真正唱响"创新驱动、转型发展"的主旋律。

二、明确"转型发展"的目标与任务

"创新驱动、转型发展"不是一个政治口号,而是应该落实到日常工作中的具体行动。对于上海机场来说,转型发展的目标与任务主要有以下三个方面:

(1) 从"扩张型"向"内生型"的转型。亦即从"把蛋糕做大"向"把蛋糕做精"的转型。过去的 30 年,上海机场从一个年旅客量不足 500 万人次的小机场,以连续两位数以上的增长速度,迅速地成长为今天这样拥有两个大型国际机场、年 1 亿人次旅客量、400 万 t 货运量、70 万架次飞行量以上的企业集团。上海机场集团不仅跟上了上海发展的步伐,为上海经济的高速发展提供了民航保障,还使自己也成长为一个拥有 12 000 多名员工、年产值 100 亿元的、具有良好可持续发展前景的大型国营企业。

过去三十年，我们顺应时代发展的要求建立了一系列与之相适应的运营管理模式和制度机制，但它们都具有明显的扩张性，其最大特征就是投资拉动。现在，我们已经非常清楚地看到了这个发展模式的不可持续性。显然，上海世博会已经成为这个发展阶段的终结点，现在已经进入了一个新的发展时期，需要创造新的发展模式、新的体制机制。上海机场集团的企业发展战略已经明确当前的任务是把企业"做精做强"。我们需要从过去以投资拉动为特征的扩张型发展模式，向以内需拉动和消费拉动为特征的"内生型"发展模式转变，真正走上可持续发展的道路。

（2）从"外向型"向"内需型"的转型。过去30年，中国经济靠投资和外贸拉动，取得了举世瞩目的成就。上海机场抓住机遇建设了浦东国际机场，大力发展了以国际货运为代表的一系列基础设施，保障了上海经济的发展，推动了上海国际航运中心的建设。

上海世博会前夕，为了支撑国家拉动内需和上海服务长三角的需要，我们又不失时机地完成了虹桥综合交通枢纽的建设，既保障了上海世博会的运输，又为上海经济的转型发展搭建了平台，当然也完善了上海航空枢纽的基础设施框架结构，搭建了与上海城市结构完全一体化的上海机场的基础设施体系，确立了两大机场在城市与区域发展中的重要地位（附图1-2）。

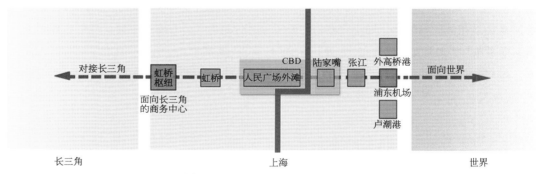

附图1-2 上海东西发展轴上的两个机场

虹桥综合交通枢纽的建成投运，不仅使上海机场的基础设施与长三角的交通基础设施连为一体，同时还使长三角综合交通体系的一体化运营成为可能。今天，以"空铁通"和城市航站楼为代表的新的运营服务模式已经显露端倪。

（3）从"设施设备升级型""技术创新型"向"商业模式创新型""制度机制创新型"的转型。过去的20年，上海机场把大量的资源投入到对两场的设施设备的建设和改造升级上，今天我们的机场硬件水平已经进入了世界最先进的行列。在技术创新方面也取得了巨大的成绩，获得了一大批科技进步奖、发明奖。但是我们在商业模式和制度机制方面却仍然远远落后于世界先进水平,正如党的十八大报告所说,这将是我们未来 10 年、20 年必须完成的历史任务。

党的十八大在过去所提的创新型国家、强调科学技术创新的基础上,进一步明确提出了"商业模式的创新"和"制度机制的创新"。这是一个历史性进步,这是从我党从 30 多年社会主义市场经济建设的经验教训中总结出来的理论精髓。没有这两个方面的创新,我们的发展就会面临新的瓶颈,我们的事业就会停滞不前。上海机场今天也同样急需商业模式的创新和制度机制的创新,我们还没有彻底摆脱为交通配套的商业模式和缺乏竞争、缺乏激励的机制,不找到新的商业模式和新的制度机制,我们就没法应对六条跑道四个航站楼和 1.4 亿人次旅客量、500 万 t 货运量、100 万架次的挑战,甚至没法在经济、社会转型中生存下来。

应该看到,完成上述三大转型的关键是新型人才队伍的建设,是全体干部员工必须尽快完成思想上和行动上的转型。但是,我们的干部员工都已经适应了生产规模迅速扩大前提下的工作和生活,过去的思维方式和运营管理模式会拖后腿,不是所有现职人员都能够顺利地完成这种转型。但是时间紧迫,又不得不尽快完成这种转型,这是有很大难度的。因此,我们必须有准备、有预案。

总之,我们要改变过去那种资源投入式的、设施平台建设为主的扩张型发展模式,向以提高运营管理效率、软件建设为主的创新型发展模式转型。

三、上海机场在客运转型发展方面的方向

上海机场的旅客运输量到 2010 年为止,维持了 20 年的高速增长,企业建立起了一个与运输量不断增长相适应的运营管理模式。面对上海世博会后旅客量增长的放缓,我们已经清醒地意识到了转型发展时代的到来,并在以下四个方面开始探索客运转型发展的新路径。

(1) 商务快线产品的开发。随着上海城市服务业的发展,商务旅客对航空运输的要求在不断变化,于是我们针对细分市场的要求开发了商务快线。所谓商务快线,定义为每天有 10 个以上航班的航线。10 个航班是什么概念呢,就是基本保证了工作时间每小时有一个航班,基本上达到了让旅客随到随走的目的,如果航程在 2 000 km 左右就能够当天往返。这样就能够把枢纽运作的好处发挥出来,达到了公交式运营的标准,即旅客来了就能走。同时,由于主要的客人都是商务客人,他们对费用不是很敏感,在乎的是时间,因此商务快线在商业上也获得了比较大的成功,我们的快线会越开越多。2017 年,仅东航在上海机场就投运了 11 个快线

产品：北京、深圳、广州、西安、香港、青岛、成都、天津、昆明、厦门、沈阳。加上其他航空公司的航班,目前的商务快线产品已经超过 20 个,此外还有日、韩等航线,我们的商务快线已经覆盖东亚。

（2）面向高端旅客的新产品开发。头等舱公务舱旅客、常旅客、商务旅客等高端旅客市场在上海机场的比例和重要性正在快速上升,上海机场贵宾服务公司的产值也在不断上升。这是一个重要的客户群体,有他们特殊的市场需求,应该很好地研究分析这些需求,不断地投入资源开发这个新的细分市场。这一新兴市场的发展空间不可限量,其产业链从住宿、会务、零售、餐饮,到交通、中介、代理、信息服务等,链很长。我们需要不断地创新运营模式,提供更多的服务产品来满足这一细分市场的需求,并获得企业的利益。

（3）餐饮零售模式的创新与升级。经过 10 多年的艰苦努力,上海机场的餐饮、零售服务模式有了很大的发展,取得了很大成绩,为企业做出了巨大的贡献。但是,现在发展遇到了瓶颈,我们必须尽快完成从交通设施配套、服务型模式向功能型、主动营销型模式转变。借上海世博会的"风"和沪港合作的"船",我们在虹桥国际机场 2 号航站楼的餐饮零售设施的运营管理中做了许多探索,获得了巨大的成功。已经找到了从过去那种被动服务型的航站楼餐饮零售模式向未来主动营销型的航站楼功能性设施转型的道路。我们会在接下来的工作中进一步深化和推广这一新型餐饮零售模式。

（4）多式联运产品的开发。我们将由两种及两种以上交通方式共同完成的运输过程称为多式联运。常见的多式联运形式有空路联运、空铁联运、空轨联运、空水联运等。现在,杭嘉湖、苏锡常地区就是以上海航空枢纽为中心的空路联运的最佳服务区域。如果还想把空路联运的服务区进一步扩大,通过地面道路系统就比较困难了。空铁联运的范围要大于空路联运的范围,目前东航与上海铁路局合作,已经开通长三角所有高铁车站与上海虹桥综合交通枢纽的"空铁通"230 班。高铁沿线都已进入空铁联运的服务范围,所有的高铁车站所在的城市都有了一个"虚拟机场"。

其实,空铁联运做了多少旅客量还是次要的,更主要的是空铁联运网络建好以后,所带来的上海对长三角一日交通圈的拓展。远程值机把上海航空枢纽的服务延伸到了长三角各主要城市的高铁车站,使这些城市利用上海航空枢纽将全国和东亚主要城市都纳入了自己的一日交通圈。这就是我们以虹桥综合交通枢纽为核心实施空铁联运的最高目标和最大效果。如果从无票联运,多票联运的角度来看,现在已经是非常方便了。每天,虹桥国际机场的 10 万旅客量里而已有 1 万多人次是乘高铁来往的。

总之,我们的旅客运输已经朝着高端的细分市场、中转市场和提供高质量的旅客服务的方向转型发展。我们的目标应该是成为长三角和东亚的商务客运枢纽。

四、上海机场在货运转型发展方面要做的工作

上海机场在过去的两年中货运业务已经出现负增长,这警示了我们在货运业务方面转型发展的紧迫性。在未来的 10 年中,上海机场必须在以下三个方面完成一系列的转型。

(1) 大力发展国际货运的中转业务。浦东国际机场的国际货运业务在过去以进出口的点对点航班为主,只有 5% 的中转业务量,货运量虽大但不是货运枢纽。这种点对点的运输方式,使机场货运量受所在地区的产业结构变化的影响较大。这几年长三角制造业的西移,已经在货运量上明显地反映出来,我们需要改变这种市场结构。接下来必须大力促进货物中转的发展,向香港机场学习,实现浦东国际机场货运业务从直送到中转的转型。

经过近 20 年的努力,浦东国际机场建立了国内最完备的国际货运网络,这是我们最大的优势。应该利用这一优势,迅速地建立起国内—国际、国际—国际、国际—国内,以及国内—国内的中转网络,吸引国际、国内的航空货物到浦东国际机场来中转,特别是要吸引从沿海地区、长三角地区西移的制造业客户,还像过去一样将货物运到浦东国际机场来,我们给他们提供最好的中转服务。这样就能够最大限度地规避产业不断转移带来的风险。

从现实情况来看,能给我们转型发展的时间也就大约 10 年,如果 10 年之内不能很好地巩固和完善货运中转业务,那么我们就将失去货运枢纽的地位。目前最大的挑战者可能是位于湖北鄂州的顺丰国际货运枢纽机场!

(2) 大力发展国内货运业务。过去 20 年浦东国际机场赶上改革开放的大潮,将主要精力集中在国际货运业务方面,为上海航空货运枢纽的建设做出了巨大贡献,也为上海机场集团提供了良好的效益。但是,却长期忽视了国内航空货运市场的发展,以至在浦东国际机场每年 300 多万 t 货中只有 12% 是国内货物。这为浦东国际机场未来的转型发展留下巨大的空间。

随着发展内需政策的不断推进,以及到龄客机大量转为货机,还有网购、快递等诸多利好因素的影响,国内航空货运将会迎来一个高速发展期。这对于上海机场来说将是一个重要的转型发展机遇,我们应当也必须抓住这一机遇、投入资源、改革国内货运的运营管理模式、减少中间环节、推进产业链的拓展。争取在最短的时间内实现浦东国际机场货运业务从外向型向内需型的转型。

（3）大力开拓跨境电商、冷链物流等新兴业态的市场。在货运物流行业中，随着互联网为代表的新技术的高速发展，一些新兴的业态大量出现，眼前能够看到的就是跨境电商和冷链物流，它们一定会有一个快速的发展，会在不远的将来改写航空物流的历史。特别是冷链物流，不仅市场潜力巨大，而且附加值高、准入门槛较高，对我们来说是有明显的先发优势和巨大的设施建设空间的。发展瓶颈是航班时刻和网络对接。上海机场一定要抓住机遇，利用好已有的市场优势和航空网络优势，在这两个领域尽快形成属于自己的市场高地。

（4）创新服务模式、提高运营效率。航空货运业务纷繁复杂，但降低成本、提高效率是其最根本的目标，我们必须在这两个方面做出不懈的努力。降低成本就是提高吸引力，使大家都愿意把货物运到浦东国际机场来；提高效率就是增强竞争力，使顾客交给我们的货物能够最快地交给客户。要做到这两点需要对货运链进行不断的调整和优化，这不仅仅是机场自己的事情，各相关方都必须做出最大的努力。目前，浦东国际机场还不能提供 24 h 等质服务，这对于以夜间工作为主的航空货运来说至关重要；货运中转业务和国内货运业务的运营模式和管理制度都还很不成熟，普遍缺乏效率；这些都需要我们不断地创新服务模式、改革管理体制，为接下来的转型发展创造条件。

要想提高中转量、发展国内货运业务、开拓新兴业务、提高运营效率，还必须改革上海机场现行的货运体制和运营模式。现在的货运业务条块分割比较严重；货运、货代企业鱼龙混杂，管理混乱；物流链上流程繁杂，导致一些环节效率低下；同时由于没有统一、高效的物流信息平台，使一部分资源的效率未能很好地发挥出来。实际上，在货运的体制机制上更需要创新和转型。

五、依靠创新提高上海机场的空侧运营效率

创新驱动已经从技术创新向制度创新和法规创新发展，对于机场运行三大要素之一的飞行区运营来说，我们已经在以下两个方面开始了探索。

（1）适应机型变化与枢纽运营要求，创新机坪规划与运营模式。上海两个机场的时刻资源都是非常紧张的，为了提高时刻资源和航站楼、机坪资源的使用效率，在认真研究了上海机场的实际情况以后，我们提出了"组合机位"和"可转换机位"的概念。组合机位是指同一站坪，可以在不同的机位布置方案之间进行转换，我们在虹桥国际机场 2 号航站楼的站坪中建设了八个这样的组合机位。可转换机位是指同一个机位可以在国际和国内之间转换使用，我们在浦东国际机场 2 号航站楼已经建设了大量的可转换机位。在实际运营中，这两种机位都

得到了广泛的好评,在今后的机场扩建和改造中,还会进一步增加这两种机位的数量。

(2)依靠制度创新,提高跑道的起降效率。随着浦东国际机场第五跑道的建成,上海两场的跑道资源就到了终端,但我们的容量不能就此到了终端,必须创新跑道运行模式,挖掘出新的发展空间。当前,虹桥国际机场首先遇到了跑道容量瓶颈问题。由于特殊的历史、地理因素,虹桥国际机场的商务旅客市场特别巨大,对跑道容量的需求很大。为了进一步挖掘已有两条近距离跑道的能力空间,我们与华东空管局正在开展一系列创新性研究,希望对现有跑道运行法规和相关制度能做些改进。相信新的高容量、低噪声近距跑道运行规则一定会在上海诞生。

六、创新商业模式,发展非航业务

上海机场在未来的10年中,还必须创新商业模式,完成从现在的"主营业务盈利"向"进一步拓展非航业务收益"的方向转型。我们认为上海机场需要进一步拓展的非航业务领域有两个方面。

(1)要进一步在上海两场及其附近区域拓展非航业务。现在上海机场的非航业务集中在物业收入,虽然风险极小,但是缺乏创新性和竞争力。接下来可以研究向物流业、旅馆业、会展业、信息服务业,以及房地产业等领域拓展。新一轮发展应该特别注意核心竞争力和人才培养,一定要有商业模式的创新,要形成有实力的实体企业,不可又变成"房东"或"地主"。

(2)上海机场还可拓展"走出去",即"走出上海、走出民航"的发展之路。一般而言,走出去的渠道有三条:一是产品走出去。上海机场可以将我们的技术创新成果、服务品牌等进一步进行商业开发,形成可以向市场推出的成熟产品。例如我们的计算机软件、专利、助航灯具,以及翔音组、鹏飞组等。二是劳动力和人才走出去。上海机场可以将自己相对富余的运营管理干部和工程技术人员组织起来对外提供服务,并逐步进入市场,参与竞争。也可以让我们的机电通信公司、商贸公司、地服公司,以及能源保障公司、消防保障部门、货运站公司等走出去,在市场上去找自己新的发展空间。三是资金和管理走出去。通过资本运作,收购其他机场、交通枢纽,以及它们之间的联络线等设施,输出我们的运营管理。

但是,是否"走出去"涉及上海机场的企业发展战略问题,涉及上海市政府和国资委对上海机场集团的定位问题,现在还都没有明确的答案。上海机场在为"走出去"所做的制度保障和机制准备也相当地不充分。至少现在,我们还不具备"走出去"的体制机制和运营管理模式。

七、特别关注信息技术快速发展对机场主业带来的影响

由于"大数据""人工智能""移动互联""云计算"和"电子值机""身份识别""安检技术""物流技术"等的发展,将会给机场航站楼带来革命性的变革。未来航站楼与现在的航站楼相比,将会产生以下变化:

(1) 航站楼的旅客流程将会发生彻底的变革。多数流程都会被搬到互联网上,支撑航站功能的工作人员将大幅度减少,剩下的工作人员以后台工作为主,多数只是提供平台服务。

(2) 航站楼主楼设施的规模将大幅度减少。今天我们引以为傲的、高大漂亮的航站楼主楼将会显得多余,需要我们动脑筋去发现它的新用途或改造它。

(3) 商务设施、商业设施、服务设施的规模会大幅度增加,新的商业模式要求我们立足于新技术和互联网平台。

(4) 航站楼前的综合交通枢纽功能将会进一步得到加强。综合交通枢纽整合航站楼主楼的功能,或者说综合交通枢纽替代航站楼主楼的趋势明显。

(5) 以城市轨道交通为代表的大运量机场集疏运交通,将与航空器的登机口尽可能地直接对接,以保证旅客便捷地进出航站楼。

未来,航站楼将提供信息设备之间端到端的旅客服务,提供个性化的旅客服务;同时由于移动互联技术的支撑,旅客服务将彻底移动化,这会使我们最终完成旅客向顾客的转变。这一切变化虽然都基于互联网技术和大数据技术,但旅客服务模式的变化又促成了互联网技术和大数据技术的进一步发展,从而又保证了我们能够在航站楼内提供更加优质的旅客服务。

过去 20 年民航运输的高速发展,将我们的航站楼带入了一个新时代。以互联网技术、大数据技术为代表的相关新技术的发展和普及,已经为机场新一轮的发展准备好了必要的助推器。只要我们充分利用好这些新技术、新商业模式带来的新机遇,就一定能够迎来一个智能、低碳、共享的新机场,给旅客带来一种全新的旅行享受。

八、结语

上海机场必须尽快完成从扩张型向内生型、从外向型向内需型、从科技创新型向商业创新型的转型;必须在客货运输、航班运行和产业链延伸、非航业务拓展等领域真正实现"创新驱动、转型发展";必须通过转型发展尽快建立起中国特色的大型枢纽机场长期稳定的运营管理模式和新型的国有大型枢纽机场运营管理企业的发展模式;必须抓住信息技术高速发展的机遇,实现上海机场的发展战略。

附录二

上海东站的功能定位与实施路径研究*

上海东站是上海城市总体规划和对外交通规划的重要一笔,关系到城市空间结构建构的和城市交通网络的锚固。然而东站到底应该是一个什么样的功能定位才是科学合理的呢,本文试图做一些粗略的探讨。

一、上海城市发展轴的变迁与空间再筑

城市交通是城市发展的骨架,城市内外交通转换的门户型综合交通枢纽非常重要,它总是会引导城市空间的发展,锚固交通网络,促进城市发展轴的形成。

早前的上海是依赖水运的,其发展轴是沿着黄浦江呈南北向的。后来,随着浦东新区的规划建设,特别是浦东国际机场建成投运,上海的东西向城市发展轴就越来越被强化,到虹桥综合交通枢纽建成之后,依赖铁路和航空的现代上海,其东西向城市发展轴就完全取代了过去的黄浦江发展轴,成了上海城市发展的主轴(附图 2-1)。

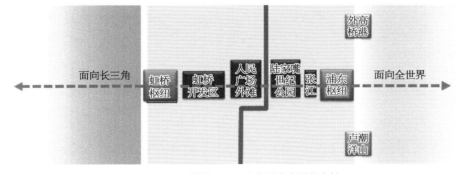

附图 2-1　上海城市发展的主轴

---

* 本文发表于《交通与港航》2018 年 10 月。

虹桥地区集聚了沪宁、沪杭交通走廊和上海东西向城市发展轴的诸多城市要素,我们在那里规划建设了虹桥综合交通枢纽和虹桥商务区,把它的功能目标定位在"长三角的CBD",取得了巨大的成功。接下来,随着国家沿海大通道的规划建设,上海机场快线将在这里与沿海铁路换乘。于是,在浦东国际机场地区上海的东西向城市发展轴将与沿海大通道交集于祝桥镇,又将形成一个各种生产要素集聚的"高地",即祝桥枢纽(附图2-2)。未来,位于城市发展轴东西两端的这两个枢纽,就如同飞机的两个发动机一样,必将带动"高铁+航空"时代的上海经济和社会的腾飞。

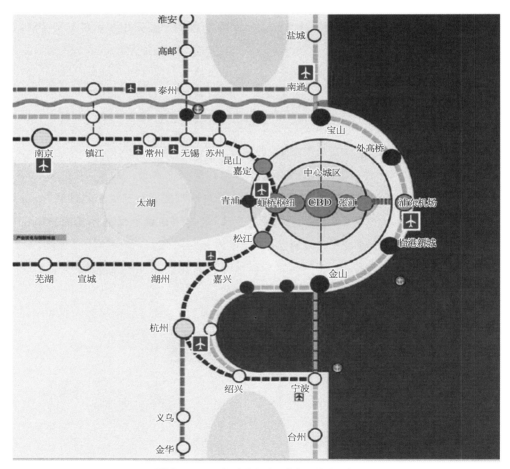

附图2-2 上海对外交通要素与城市发展轴

二、上海机场快线及其功能定位

上海机场快线是浦东、虹桥两个机场的专用联络线,必须保障两场间的运能需求的不断增长。未来的上海两个机场一定会有大量的旅客量溢出,高端(商务)旅客的比例一定会越来越高,机场快线的需求也一定会越来越大。

机场快线同时也是宁沪杭铁路通道的延伸,它的主要服务对象是长三角地区使用浦东机场的旅客。因此,沪宁沪杭通道上的列车一定要能够直达浦东机场。这是我们的"初心",否则我们选用铁路制式就没有意义。当然,不一定要让沪宁沪杭线上的每列车都开到浦东机场,但每个方向、每小时有1～2列车进浦东机场是必需的。

机场快线还是现有沪宁沪杭铁路网络与发展中的沿海铁路、南沿江铁路,以及京沪高铁二线等即将形成的新铁路线网的联络线,实际上是一条"枢纽线"(附图2-3)。同时,机场快线必须具备良好的空铁枢纽功能和非常便捷的旅客换乘条件,还要达到整合长三角机场群、实现长三角机场群一体化运营管理的目的。因此,该线也是上海航空枢纽的重要组成部分,是长三角机场群整合的核心设施。

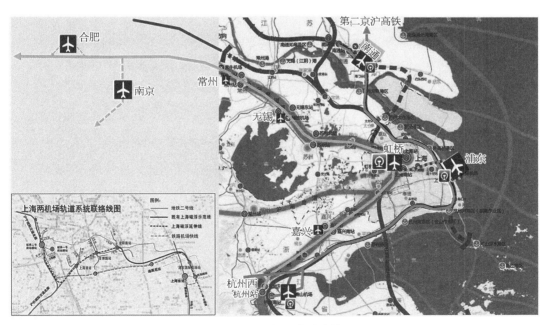

附图2-3　"虹桥枢纽"与"祝桥枢纽"

三、上海航空枢纽的升级与拓展

2017 年,上海的航空旅客运输量已经超过 1.1 亿人次。根据有关方面的预测,上海未来 20～30 年的航空旅客有可能增长到每年 2 亿～3 亿人次,这是上海无法承担的。上海必须转变发展方式,有所为有所不为。出路就是规划建设长三角机场群,用一个机场体系,而不是 1～2 个机场去承担整个区域的运量。

2018 年 1 月长三角地区(沪苏浙皖)主要领导举行座谈会,就建设长三角城市群、深化区域合作机制等议题进行了深入讨论,其间有关方面签署了《关于共同推进长三角地区民航协同发展努力打造长三角世界级机场群合作协议》(以下简称"协议")。根据《协议》,"各方将以提升上海国际航空枢纽功能和国际竞争力为引领,充分发挥各种交通方式的比较优势和协同作用,推动区域内各机场的合理分工定位、差异化经营,加快形成良性竞争、错位发展的发展格局,构建分工更明确、功能更齐全、合作更紧密、联通更顺畅、运行更高效的机场体系,实现到 2030 年建成世界一流城市群和世界级机场群的目标。"

因此,经过我们不断的升级和拓展,未来的上海航空枢纽应该是由长三角诸机场一起来构成的。它应该是一个"以浦东机场为龙头,以萧山机场、南通机场为两翼,以虹桥机场、禄口机场、合肥机场、无锡机场等为依托,以嘉兴、宁波、台州、温州,扬州、盐城、淮安等机场为补充的机场体系"。而这些机场之间的联系是以高速铁路和铁路为主的。

四、沿海大通道与祝桥综合交通枢纽的功能定位

规划建设中的沿海铁路是国家沿海大通道的重要组成部分,特别是上海以北的这一段还被定义为京沪高铁二线。沿海大通道的规划建设必将进一步拉近苏北、山东,以及浙南、福建与上海(特别是浦东)的距离,终将成为不亚于宁沪杭的对外交通走廊。传统的宁沪杭大通道与沿海大通道是由机场快线来连接的,其连接点就是虹桥站和东站。

沪宁沪杭铁路与上海东西发展轴交汇在虹桥机场西侧,形成了虹桥枢纽;沿海铁路与上海东西发展轴交汇在浦东机场西侧,也应该形成"祝桥枢纽"(附图 2-1),祝桥枢纽的规模或许会比虹桥枢纽的规模小一些,但功能和地位是相近的。因此,东站不是一般的铁路车站,它应该是一个类似于虹桥枢纽的综合交通枢纽,包含空、路、铁和各种城市集输运方式的相关设施。机场快线和东站的规划建设,必须达到"整合长三角机场群、枢纽网络和城市群"的目的。这就需要我们站得高一点、看得远一点、想得深一点、动得早一点、做得细一点。最起码不能输给 10 年前规划建设的虹桥枢纽!

综上所述,祝桥枢纽的功能定位应该是:中国改革开放的窗口,国际性航空枢纽;国家沿海大通道上的重要交通枢纽;上海通向长三角的门户枢纽;上海东部经济的活力中心,辐射长三角的服务业集聚地。

五、祝桥综合交通枢纽的实施路径

现在,沪通铁路、京沪高铁二线、机场快线、浦东国际机场扩建、萧山机场扩建等项目都已启动或开工,祝桥枢纽的实施已经非常紧迫。为了高水平、高效率地推进祝桥枢纽的规划建设,我们必须推进以下工作。

(1)尽快成立对项目全生命周期负责的项目公司。机场快线主要是为机场服务的,应认真研究上海航空枢纽发展的需求,机场集团应积极参与投资建设和运行管理。机场快线涉及复杂的建设与运行管理体制,众多因素需要协调。建议成立由市领导担任组长的领导小组和工程建设指挥部。目前来看,机场快线工程已经是时间紧、任务重了,建议先建立工程建设指挥部,让工程建设与公司治理两个课题同时推进。

(2)鉴于祝桥枢纽工程涉及诸多管理和运营主体,非常复杂,难度极大,需要一个纵览全局的、统一且有力的指挥体系。为此,建议将浦东国际机场的4号航站楼的规划建设也一并纳入东站的建设范畴之内,请祝桥枢纽建设指挥部统一协调,甚至交给该指挥部负责规划建设。这样才有利于项目的实施,有利于铁路网和机场群的整合,最终达成空铁一体化运营的目标。同时还建议将京沪高铁二线、沪通铁路、沪乍杭铁路、东站与机场快线合并研究,甚至由该建设指挥部统一研究。这样有利于在未来沿海铁路网络规划建设中,结合空铁运营需求、统筹兼顾、协调各方、科学推进。

(3)必须保证机场快线的运行速度和服务水平。从杭州到虹桥只要40 min,如果从虹桥枢纽到浦东机场超过40 min是不合适的。建议在虹桥枢纽至浦东国际机场之间的所有车站都设置越行线,以使沪宁沪杭线上的高铁列车能够从虹桥枢纽直达浦东国际机场,也要为两场间开行直达车提供可能。

(4)进一步整合铁路东站与浦东机场的功能。在规划设计中,应进一步明确铁路东站和浦东国际机场的功能关系,设施紧密结合。如果让从沿海铁路来东站的旅客还必须带着行李转乘机场快线去浦东国际机场1号、2号、3号航站楼也是不能接受的,必须在东站规划建设浦东国际机场的4号航站楼主楼,让旅客直接进入浦东国际机场。

因此,东站的设施由东至西,应该是"航站楼、机场快线、铁路车站"这样的设施布局(附图2-4)。这与虹桥枢纽的布局是相似的。在这个方案中,还需要我们提出切实可行的"浦东国际机场4号航站楼空侧运行方案"。

可研方案
(只是一个普通的车站)

建议方案一
(这是一个"空铁枢纽",站屋一体化)

建议方案二
(也是一个"空铁枢纽",投资、建设、运营界面清楚)

 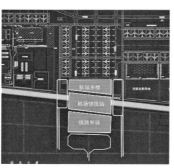 

附图 2-4　祝桥枢纽核心设施的方案比选

(5) 在所有车站,特别是在虹桥枢纽站、迪士尼站和祝桥站(即东站),都应根据各自的市场环境和具体条件,布置不同的远程值机设施和其他必要的机场航站设施,以方便旅客办票和托运行李。

六、立即着手萧浦铁路的实施推进工作

为实现长三角城市群和机场群间的协调发展、协同运营、互补共赢,铁路网的规划建设至关重要。长三角机场群的协调发展很大程度上取决于机场间高效、便捷、绿色、环保的铁路连接,取决于机场航站楼与铁路车站的高效衔接。这种高效衔接能够在更大范围、更高层次上满足旅客的便捷出行,对促进长三角空陆综合运输体系的融合、促进区域社会经济的一体化、推动长三角城市群对外开放、对接"一带一路"国家战略,并迅速地成长为具有全球影响力的世界级城市群等,都具有十分重要的作用。

虽然本文前述的长三角机场群与铁路网的建成还需要相当长的时间,但我们在这一规划的指导下,当前就能做许多工作。例如,上海东站、萧山机场新航站楼、萧山机场站、沪乍杭铁路等重大交通基础设施项目均已开工,只要对现有的规划设计做适当的线路调整和改造,即可实现浦东机场与杭州机场间的快速铁路连接。因此,根据上述规划,我们建议打通

上海东站经金山站、海宁站、桐乡站、江东站、萧山机场站,至杭州南站的快速铁路通道(附图2-5)。

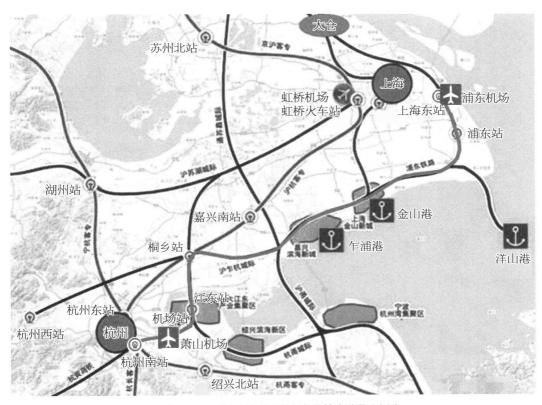

附图 2-5　浦东机场与杭州机场间的铁路通道示意图

　　当前,利用沪乍杭铁路建设这一契机,仅需增建萧山机场站北向延伸线至桐乡站接入沪乍杭铁路即可,对既有规划线路的调整和对未来建设的影响都很小,具有较好的可行性和可操作性。该通道一旦打通,我们就可以开行杭州南站—上海东站(浦东国际机场)间的直通列车。

　　其实,浦东国际机场向北的沪通铁路已经开工,今后还要建设京沪高铁二线,因此未来也可以类似于浦东国际机场与萧山机场之间的快速铁路一样,开通运营浦东国际机场与南通机场之间的铁路快线(附图2-3)。再加上已经运营的沪宁、沪杭客专和即将开工的上海机场快线,这样一来,以浦东国际机场、虹桥国际机场、萧山国际机场、南通国际机场为主体的上海航空枢纽体系就会形成,并将得到了快速的发展。同时,也就会进一步促进了长三角城市群和区域铁路网络的完善,航空与铁路的一体化就会进一步加强。

因此,尽快开通浦东国际机场与萧山国际机场间的快速铁路线示范意义重大。因为它是促进长三角城市群一体化发展的需要;它是长三角地区构建"组合航空枢纽"的需要;它是提升长三角机场群整体运输能力和可靠性的需要,通过铁路连接,可发掘市场潜力,提升各机场与周边机场协调应急能力;它是实现机场间协同运营、满足机场间相互备降及旅客转场的现实需要,铁路连接机场后,可大幅提高机场备降航班的服务水平。

七、结语

交通,尤其是对外交通总是在不停地塑造我们的城市和交通,通过虹桥综合交通枢纽的规划建设,上海完成了一次华丽的升级。在东面,希望我们也能够规划建设出一个全新的祝桥综合交通枢纽,并使之成为上海的又一张靓丽的名片。

因此,上海东站不能只是一个简单的火车站,它就应该是"祝桥综合交通枢纽",它就必须是:中国改革开放的窗口,国际性航空枢纽;国家沿海大通道上的重要交通枢纽;上海通向长三角的门户枢纽;上海东部经济的活力中心,辐射长三角的服务业集聚地。

附录三

浦东国际机场通航 20 周年访谈录*

记者：刘总好！今年是浦东国际机场通航 20 周年，我们一直想采访您！

刘：好的呀，谢谢你们！

记者：听说您是为浦东国际机场才回国工作的？能给我们说说吗？

刘：是的。浦东国际机场的规划建设的确是我回国的契机。从 1993 年开始，我就在参与浦东国际机场的选址等前期论证工作。1994—1995 年，我作为日本政府派遣的专家，为浦东国际机场工作了近两年。到 1995 年的时候，浦东国际机场的前期工作基本结束，在上海东海岸边规划建设一个大型国际航空枢纽，即浦东国际机场，决策确定并组建了"上海浦东国际机场工程建设指挥部"。这个时候，上海市的领导邀请我回来工作。那时，我就面临一个选择：是作为"日本专家"参与浦东国际机场的规划建设？还是作为浦东国际机场工程建设指挥部的一员，参与浦东国际机场的规划建设？经过一段时间的考虑，我回来了！

当时，我认为能够参加这样一个伟大的工程，对于我们这些学工程的人来说，是非常幸运的，我这一辈子也许不会再遇到这样的机会了。如果我不回国，以后每次遇到不顺，就会想"那时我回国了多好！"因此，"回国也许会后悔，但不回一定会有后悔的时候。"于是，我就答应了上海市领导回来帮助他"做完浦东国际机场一期工程"。但是，没想到回来后我就马不停蹄地做了浦东国际机场一期工程、上海磁浮示范线工程、浦东国际机场二期工程、虹桥综合交通枢纽工程、浦东国际机场三期工程等。

像浦东国际机场这样的大型国际性航空枢纽，在国外一般都需要几代人才能建成，在中国我们一代人就基本建成了。因此，20 世纪 60 年代出生的我们这一代工程师真的是太幸运了！我多次被你们记者问到为什么会回国，其实很简单，"是工程项目吸引我来上海，也是工

---

*　注：本文发表于《交通与港航》2019 年 6 月。

程项目把我留在了上海。"

记者：您为浦东国际机场工作了近30年,请问您怎么评价浦东国际机场?

刘：浦东国际机场就如同我的孩子一样,我个人注入了太多的情感,让我来评价它,是不太可能客观公正的、是不太合适的。尽管如此,我还是愿意说两句。

浦东国际机场算不上世界上规划得最好的机场,也不是国内规划得最好的机场,它甚至也不是我个人参与规划的机场中规划得最好的机场。2010年竣工投运的虹桥国际机场扩建工程也许更代表我的最好水平。但是,浦东国际机场却是我们上海机场集团近30年发展的史书,它甚至还浓缩了中国民航机场30年改革开放的历史。这是一段跌宕起伏的历史,也是我人生的一部分。

浦东国际机场是与浦东新区一起出生、一起成长的,也是与中国民航一起改革、一起发展壮大的。中国民航"四分开"改革以后,也就是管理局、空管局、航空公司、机场各自独立之后,民航局将虹桥国际机场的机场资产与运营管理权下放给了上海市政府,当时又恰逢开发浦东潮起、浦东新区成立。浦东国际机场就是在这种背景下,上海市政府结合浦东新区的发展规划决策产生的。它从一开始就是改革开放的明星,就是浦东新区的最重要的大型公共基础设施,就是上海对外开放的门户,也是民航改革开放的排头兵。它开启了浦东新区对外开放30年的历史。以浦东国际机场为支点,上海市撬动了浦东新区外向型经济的高速发展,从而也使浦东国际机场成了国家改革开放的标志之一。

浦东国际机场就是我们用钢材、混凝土、玻璃等各种建筑材料写成的一部改革开放的史书。我们与浦东国际机场一道跌跌撞撞地走过了无数的沟沟坎坎,无论是成功还是失败,都已成为我们自己的历史。

我们是浦东国际机场的一部分,浦东国际机场也是我们自己人生的一部分。

记者：浦东国际机场规划的变迁能给今天的机场规划什么启示?

刘：机场总体规划对机场发展的意义是不言而喻的,机场总体规划还是一项持续不断的工作,必须有一个常设机构常抓不懈。根据机场发展的要求,浦东国际机场的总体规划每5年左右要修编一次,每年都有调整。与此同时,为配合旅客航站楼的扩建还要开展一次又一次的航站楼国际方案征集。20多年来,由于我们坚持了浦东国际机场最初的规划结构,每一轮规划修编和方案征集都是对上一轮的修正和补充,都使浦东国际机场的发展踏上一个新的台阶。因此,不要轻易推倒重来,"一定要保持总体规划的稳定性",是我最想说的。

　　一方面,机场总体规划的编制必须从全局出发、做长远考虑,这是毫无疑问的。另一方面,我们在随后的规划建设中,遇到新情况、新问题时,千万不要就事论事、仓促行事,依然要从全局出发、做长远考虑。"不谋全局者,不足谋一域。不谋万世者,不足谋一时。"这就是最大的启示吧。

　　记者:对浦东国际机场的选址一直有不同意见,您怎么看?

　　刘:评价一个机场的选址的合理性要考虑很多因素,每个因素都是最好的理想选址是很难得到的。因此,只从一个因素或某几个特定因素来评价浦东国际机场的选址是否最佳就有可能是不太科学的。在浦东国际机场选址工作中,上海市政府投入了巨大的代价和时间,做了一个全面、系统的选址研究,并最终通过了国家相关审查。

　　其实,流传最多的不同意见是"浦东国际机场偏于其服务的长三角市场的边缘"。这种观点有其合理的一面。但是从其核心市场上海市域来说,在虹桥国际机场已经存在于市区西侧的前提之下,在上海市域内再建一个新机场,选址在市区的东侧无疑是非常合理的。另一方面,浦东国际机场作为国际枢纽机场和中国的门户机场,其市场范围不能局限于上海市区,也不应局限于长三角区域。而应该放眼东亚、东南亚、全球,这样看来浦东国际机场的选址就不是其市场边沿了。如果要与仁川机场、成田机场、关西机场、香港机场、新加坡机场、曼谷机场等竞争洲际枢纽地位,浦东国际机场的位置倒是有许多优势的。

　　记者:在浦东国际机场您做了许多投融资方面的探索,您觉得成功吗?

　　刘:机场的投融资课题一直是我研究的对象。如你所说,我们在浦东国际机场进行了一系列的探索,创造出了许多有趣的案例。我在《机场融资》和《中国式机场集团融资模式与公司治理》中做了详细介绍和总结。

　　事实上,我们从1994年就开始了浦东国际机场投融资方案的研究。那时,浦东新区刚刚成立,浦东改革开放的热浪扑面而来。那是一个突破条条框框、解放思想、大胆创新、大干快上的时代。直到上海世博会结束,我们在近20年中,探索了中外合资、企企合资、政企合作,以及合同外包、特许经营和私有化等各种融资模式。我非常高兴地告诉你,多数情况下我们都是成功的,只是成功的程度不一样。最成功的案例就是"浦东国际机场货运站项目"。你可以看看《浦东国际机场货运站运营管理研究》这本书。

浦东国际机场规划建设的前15年时间里,我们在投融资方面做的工作最多、最大胆、最富有创造性,也最成功、最令人激动。那是一个没有禁区的时代,领导干部勇于担当,广大员工热情高涨,真正是一个激情燃烧的年代!

记者:您认为浦东国际机场规划的最大成功是什么?

刘:浦东国际机场规划有许多成功之处,大的方面主要有以下几点:

(1) 总体规划长期稳定,功能分区明确,空间结构稳定,发展平稳有序。总体规划的稳定归功于规划方案具备非常好的"弹性",即具备较大的"容变容错能力"和较好的"纠错可能性"。

(2) 机场总体规划与上海航空枢纽发展战略、项目融资方式、机场运营管理改革等协调一致,发展稳定且契合需求。

(3) 机场规划管理到位,建设管理体制比较完善。

(4) 设施布局有利于投资控制,有利于分期分批发展和不停航施工,有利于减少运营风险和安全风险。

(5) 浦东国际机场在规划中就充分考虑了"环境保护与环境适航",把绿色机场的建设纳入了机场规划阶段。

(6) 浦东国际机场在规划阶段就把机场运营后的财务可持续发展能力作为首要课题,给予了充分的重视。

等等。

记者:您认为浦东国际机场规划的最大缺陷是什么?

刘:我负责任地告诉你,浦东国际机场在规划方面没有重大缺陷、没有结构性问题。但是,浦东国际机场的规划中还是有不少遗憾的。比较大的方面有以下几点:

(1) 由于规划设计的精细化程度不够,造成设施布置不够集约紧凑,机场用地偏大,运行效率较低。在现在的机场运营中就表现为飞机滑行距离长、旅客步行距离远等问题。

(2) 货运设施过于分散,造成口岸设施、监管设施、基础设施等的浪费和经营管理上的效率低下。同时又不利于临空物流产业园区的健康发展。

(3) 没有做到机场功能区与临空产业园区的一体化,没有建立紧密、高效的港区联系,多数情况下产业链被隔断。

等等。

记者：能说说浦东国际机场的一体化交通中心吗？

刘： 从日本归来，我心中一直放着一个梦想，就是想在上海做一个好的综合交通枢纽。在上海申通地铁集团有限公司工作期间，我在轨道交通 2 号线（北延伸段）的规划设计中做了许多探索，有成功也有失败，从中我对上海交通枢纽规划建设中需要解决的课题有了比较深刻的认识。这之后，在浦东国际机场二期工程中，我获得了一个难得的机会，就是你说的浦东国际机场一体化交通中心，我们在这里做了一次全面的研究和实践，并取得了巨大的成功。

我们在浦东国际机场一体化交通中心集成了航空、磁浮、铁路、地铁、各种巴士，以及各种社会车辆等，设计日均旅客量会超过 50 万人次。你看，这不是一个小的综合交通枢纽吧！除了最基本的交通功能，浦东国际机场一体化交通中心还集成了商业服务功能、住宿、会展等功能。

从项目管理的角度，浦东国际机场一体化交通中心解决了投融资体制的一体化、基础设施的一体化、运行信息系统的一体化、运营管理的一体化。从规划设计的角度，浦东国际机场一体化交通中心实现了人车分离、动静分离、快慢分离、客货分离和多出入口、多车道边等。

浦东国际机场一体化交通中心的成功实践，为后来我主持虹桥综合交通枢纽的规划建设奠定了很好的基础。正是因为有了浦东国际机场一体化交通中心的成功，我才有了提出虹桥综合交通枢纽规划建设的底气和主持做好虹桥综合交通枢纽规划设计的能力。

记者：您很早就提出了航空城的理念，但浦东国际机场航空城发展并不令人满意。为什么？

刘： 我是在日本的株式会社日建设计工作时开始研究航空城和临空产业课题的。回国后，我又结合浦东国际机场及其周围地区的开发，继续了这一课题的研究，发表了一系列论文。并于 1999 年整理了这些论文，出版了《21 世纪航空城——浦东国际机场周围地区开发研究》一书。

就如你所说，我们"起了个大早，却赶了个晚集"，浦东国际机场周围地区的开发的确一直不能令人满意。直到今天，浦东国际机场已经是旅客量世界第九、货运量世界第三，但其周围地区的开发建设依然没有一个法定的"航空城规划"，长期处于"一事一议"、"一个项目一个规划"的不正常状态。

造成这个结果的原因很多、很复杂，我从规划技术的角度来看，有以下几个方面：

（1）浦东新区的四大功能区（陆家嘴金融贸易区、张江高科技园区、金桥出口加工、外高桥保税区)早于浦东国际机场一期工程建设发展,而且长期留有巨大的发展空间。我们必须考虑浦东国际机场航空城的功能设施与浦东新区的四大功能区协调发展、避免恶性竞争造成两败俱伤。

(2)机场总体规划缺乏港、区一体化考虑,或隔断了临空产业链,或没有为临空产业的发展留足发展空间。

(3)机场公司缺乏发展临空产业的动力;周围地区缺乏航空城规划建设的机制。

记者:您在浦东国际机场一期工程时就提出了可持续发展的理念,请问现在的浦东国际机场是可持续发展的机场吗?

刘:20世纪90年代,浦东开发开放如火如荼,上海人都在为"增长""扩张"而激动不已。但同一时间,国外正流行"成长管理"和"可持续发展"的理念。我在这一时间回国,满脑子都是这些东西。虽然非常不合时宜,但我们还是在浦东国际机场一期工程中坚持了"走可持续发展之路"的原则,并取得了一系列的成果。这些成果反映在了《浦东国际机场可持续发展的研究与实践》一书中。

一期工程之后的20年里,我们在浦东国际机场的策划、规划、设计、建设和运营中,始终坚持贯彻了环境保护、节能减排、提高资源利用效率、人性化等方针政策;建立了一套完整的"浦东国际机场可持续发展指标体系";并通过一系列工程项目的实施,使我们积累了一些经验、教训和心得、体会。其中,我特别想强调的一条就是:可持续发展的前提是"发展"。也就是说,对于一个机场或者是一个机场公司,必须通过我们的绿色机场建设实现其自身的健康成长,使机场的发展可持续,使机场公司赢利;而不是因为"绿色"使得我们的机场企业亏损。我们始终相信"一个亏本的企业是不可能持续提供一流服务的!"在具体的项目建设中,我们坚持了"经济上不可行的项目不急于实施"的原则。这为我们在绿色机场的建设中少了许多障碍,使我们在过去20年的高速发展中,成功地实施了一系列节能减排、绿色环保的项目,并得到了社会和民航局方的一致好评。

今天,上海国际机场股份公司在证券市场上一直表现优秀,浦东国际机场是上海国际机场股份公司运营管理的机场。我们可以自豪地说:它是一个可持续发展的机场。它"支撑了城市经济的发展""环境友好、环境适航",且"企业财务状况一直良好"。

记者:浦东国际机场通航20周年之际,客货运量已经基本达到规划目标。您能否谈谈浦东国际机场接下来应该怎样发展？

刘： 2018 年，浦东国际机场完成了 7 400 万人次的旅客量、377 万 t 的货运量和 50 万架次的起降量，三大生产指标都已基本达到总体规划的目标。浦东国际机场是该研讨、确立新的发展战略和新的总体规划了。

未来，我认为浦东国际机场必须尽快完成从扩张型向内生型、从外向型向内需型、从设施设备升级型、科技创新型向商业模式创新型、制度机制创新型的转型；必须在客货运输、航班运行和产业链延伸、非航业务拓展等领域真正实现"创新驱动、转型发展"；必须通过转型发展尽快建立起中国特色的大型枢纽机场长期稳定的运营管理模式和新型的国有大型枢纽机场运营管理企业的发展模式；必须抓住信息技术高速发展的机遇，实现浦东国际机场的发展战略。

其实就是一句话：浦东国际机场不应再求大、而应聚焦求强、求精、求新。前不久有一条新闻，不知你注意到没有，就是空客 A380 飞机宣布停产了。面对这个案例，我想我们需要坐下来、冷静地做些哲学上的思考或经济学上的反思了。至今，民用航空器的发展就是一部越做越大、越飞越快的历史；然而，A380 飞机的故事告诉我们"飞机也不是越大越好"，它也有一个"最佳最大"的问题。对于我们机场来说也是这样，我们发现机场规模在不断扩大中会出现一个拐点，过了这个拐点，集聚（规模扩大）的效益就开始递减，建设和运营中的问题就开始激增。我认为对于浦东国际机场来说，这个拐点也许就在年旅客量 8 000 万～10 000 万人次之间。

记者：听说浦东国际机场 3 号航站楼的方案也是您做的，该方案是否代表未来航站楼的发展方向？

刘： 现在中标的浦东国际机场 3 号航站楼方案不能说是我做的，我是与 SPS 一起做了一个概念方案，然后大家一道完善和细化而成的。该方案的基本思路我在《航站楼规划》一书中已做了非常细致的描述，那就是我对未来航站楼的认识和预测。其基本思想就是**除了身份识别和安检以外，旅客流程上的各环节都将移至网上和智能设备上，因此登机口应该与陆侧交通系统尽可能便捷地对接**，这也是我认为未来航站楼必须实现的目标。在 SPS 和华东院提供的 3 号航站楼方案中，国内旅客流程基本实现了这一目标；但国际旅客流程由于"一关三检"还不能完全移到网络上、还必须在主楼内集中实施，因而没有能够达到我所描述的目标。所以，我认为它还不是未来航站楼的代表，它还只能算是我们走向未来航站楼途中的一个里程碑。

记者：您认为浦东国际机场在未来长三角城市群和机场群中应该怎样定位和发展？

刘：浦东国际机场在未来长三角机场群中，应该定位为国际航空枢纽、国内门户型航空枢纽、长三角的综合交通枢纽。

浦东国际机场还应该是未来长三角机场群中的"领头雁"。它应该与虹桥国际机场、萧山国际机场、南通国际机场、禄口国际机场、新桥国际机场，以及其他多个国内运输机场一起承担长三角的航空运输量，带领大家列队起飞！

亦即长三角机场群是：以浦东国际机场为头；以虹桥国际机场、硕放机场、常州机场、禄口国际机场、新桥国际机场等为躯体；以萧山国际机场、宁波机场、台州、温州机场和南通国际机场、扬州机场、盐城机场、淮安机场等为两翼的，一个起飞远航的雁群。

记者：在这浦东国际机场通航20周年之际，您想对今天的规划建设和运营管理者说点什么呢？

刘：就说一句话："站在前人的肩上，超越他们！"

这句话有两层意思。

首先，要充分了解浦东国际机场已经建成投运的这些设施和系统，也就是我们已有的这个平台。不仅要弄清楚这个平台是什么，还要弄清楚为什么是这样，要弄清楚这个平台是怎样发展过来的这段历史。这个平台就是你自己所站的地方，这就是前人的肩膀，你必须站稳了。只有站在了前人的肩上，你才有可能超越他。

第二，就是根据现在和未来的需求改造或扩建这些设施和系统，实现"超越"。你必须要超越前人，否则浦东国际机场就没法前行。要实现超越，关键是要弄清楚"运营需求"是什么，因为多数情况下，人们并不了解自己的需求。明确和确认项目的需求，是最困难、也是最有学问的工作。我们在机场规划建设中的错误，绝大多数都源自我们没有弄清楚"我们到底想要什么"！

总之，如果不能站在前人的肩上，超越就是一句空话。而如果你已经稳稳地站在了前人的肩上，那你就已经比前人高了。

记者：最后一个问题，如果让您重新规划浦东国际机场，您会怎么画？您可以不回答我！

刘：历史不能"如果"。但我还是愿意回答你这个问题。

如果现在再做浦东国际机场的总体规划，我会特别注意以下三点：第一，确定一个将土地使用规模减小一半的目标。不是为了节约用地,而是为了减少旅客步行距离和飞机地面滑行距离,为了提高机场的运行效率和旅客的舒适度。第二,采用国内混流、国际国内可转换机位、组合机位,以及陆侧综合交通枢纽等一系列集约化、一体化的规划方案,以此达到提高设施运营效率的目的。第三,机场功能区与临空产业园区一体化规划和运营,规划建设一座真正的航空城。使浦东国际机场及其周围地区更好地成为浦东新区和上海经济社会发展的发动机。

其实,我们在 2010 年建设完成的虹桥国际机场扩建规划和虹桥综合交通枢纽规划中已经这么做了。

记者:谢谢刘总!

刘: 谢谢!

图表索引

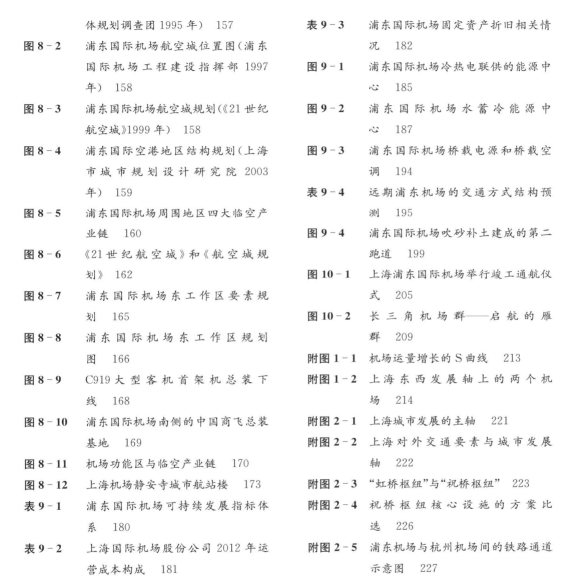

参考文献

1. 21世纪上海空港发展战略编委会. 21世纪上海空港发展战略[M]. 上海：上海人民出版社, 2001.

2. 上海机场(集团)有限公司. 上海航空枢纽战略规划(2005—2020)[R]. 2004.

3. 上海机场(集团)有限公司. 上海机场集团新时期企业发展战略(2015—2030)[R]. 2014.

4. 刘武君. 航空港规划[M]. 上海：上海科学技术出版社, 2013.

5. 刘武君. 航空枢纽规划[M]. 上海：上海科学技术出版社, 2013.

6. 刘武君. 综合交通枢纽规划[M]. 上海：上海科学技术出版社, 2016.

7. 吴念祖. 浦东国际机场总体规划[M]. 上海：上海科学技术出版社, 2008.

8. 吴念祖. 浦东国际机场运营信息系统[M]. 上海：上海科学技术出版社, 2008.

9. 吴念祖. 虹桥国际机场运营信息系统[M]. 上海：上海科学技术出版社, 2010.

10. 吴祥明. 浦东国际机场建设——总体规划[M]. 上海：上海科学技术出版社, 1999.

11. 吴祥明. 浦东国际机场建设——场道地基[M]. 上海：上海科学技术出版社, 1999.

12. 顾承东, 刘武君. 机场融资[M]. 上海：上海科学技术出版社, 2014.

13. 刘武君. 中国式机场集团融资模式与公司治理[M]. 上海：上海科学技术出版社, 2018.

14. 赵海波. 航空枢纽发展战略与评价[R]. 2013.

15. 刘武君. 21世纪航空城——浦东国际机场地区综合开发研究[M]. 上海：上海科学技术出版社, 1999.

16. 李文沛, 刘武君. 机场旅客捷运系统规划[M]. 上海：上海科学技术出版社, 2015.

17. 刘武君. 航空城规划[M]. 上海：上海科学技术出版社, 2013.

18. 上海机场建设指挥部. 绿色机场——上海机场可持续发展探索[M]. 上海：上海科学技术出版社, 2010.

19. 浦东国际机场工程建设指挥部. 浦东国际机场可持续发展的研究与实践[M]. 上海：上海科学技术出版社, 1998.

20. 吴念祖. 浦东国际机场二期工程节能研究[M]. 上海：上海科学技术出版社, 2008.

21. 《上海空港》编辑部. 上海空港(1～20辑)[A]. 上海：上海科学技术出版社, 2007—2018.

22. 上海浦东国际机场货运站有限公司. 上海浦东国际机场货运站有限公司主页［EB/OL］.［2019－04－28］. http://www.pactl.com

23. 苏州工业园区管理委员会. 苏州工业园区主页［EB/OL］.［2019－04－28］. http://www.sipac.gov.cn.

24. 上海市浦东汽车运输有限公司. 上海市浦东汽车运输有限公司主页［EB/OL］.［2019－04－28］. http://www.puyun.com.cn.

25. 新时代国际运输服务有限公司. 新时代国际运输服务有限公司主页［EB/OL］.［2019－04－28］. http://www.ntslog.com.

　　我自 1993 年开始为浦东国际机场工作,至今已经 20 多年过去了。今年是浦东国际机场通航 20 周年,又赶上浦东国际机场卫星厅工程竣工投运,也就是说,经过 20 年的风风雨雨,浦东国际机场总体规划设定的年旅客量 8 000 万人次的基本格局已经实施完成了。这对于我们这些为浦东国际机场工作了近 30 年的第一代浦东国际机场人来说,真是一个非常非常激动人心的时刻。尽管我们中的许多人已经离岗、退休或者远居他乡,但即使远隔千山万水,我们都会为浦东国际机场的繁荣昌盛而祈祷! 谨以本书的出版作为我的祷告,也作为浦东国际机场通航 20 周年的一个纪念品。这是我出版本书的目的之一。

　　浦东国际机场一期工程投运后,我曾被调离上海机场集团,到上海申通地铁集团工作了 5 年,但其间我并没有中断为浦东国际机场工作。浦东国际机场二期工程启动之际,市领导和机场集团领导又盛情邀请我重回机场工作。当时,我曾犹豫过。后来导师吴良镛先生对我说:"你应该回去。在你一生中能将一个大型国际枢纽机场建成,那可是一件非常难得的事情……国外的枢纽机场都是几代人才建成的啊!"先生这一席话,使我忍痛离开了正轰轰烈烈的上海轨道交通规划建设舞台,最终回来继续参与浦东国际机场的规划建设。现在看来,回机场工作是一个正确的决策，这对浦东国际机场和我个人来说都是值得庆幸的。

"人生：三十年学习，三十年工作，三十年学术。"在过去这三十年里，我们真的把浦东国际机场建设成了一个大型国际枢纽机场。我们这些浦东国际机场人，都把自己最美好的三十年与浦东国际机场融合在了一起，同时成就了"机场的辉煌和人生的美丽"。真是要感谢上苍、感谢这个伟大的时代。

经过一代人的不懈努力，到 2018 年底，浦东国际机场完成了 7 400 万人次的旅客量、377 万 t 的货运量和 50 万架次的起降量，三大生产指标都已雄踞世界前列，而且我们新一代的机场人也已经全面上岗。与浦东国际机场一道经历了近 30 年风风雨雨的我们这一代人都将退休，我们有责任记录下这段历史，把我们的故事告诉这些刚任职上岗的新一代浦东国际机场人。希望过去的故事能够成为他们走向未来的垫脚石，希望新一代规划建设和运营管理者们能够少走弯路，能够踩着我们的背或肩向上攀登。这是我出版本书的目的之二。

回首浦东国际机场规划建设的发展过程，可以清清楚楚地看到我们学习、进步、成长、成熟的过程。今天回头来看，我发现"每次我们都选对了老师，但我们却不能算是一个好学生"。虽然每次我们都能在新一轮的规划建设中学到很多东西，创造很多经验，但我们同时也留下了许多的遗憾和教训。我们深刻地认识到"咨询公司的水平，永远无法超过业主"这句名言。亦即：我们如果不认真、虚心地向我们自己花钱请来的老师们学习，从而提高水平，那么就不可能组织和管理好我们的机场规划和建设。即使有最好的规划设计公司为你服务，他们的能力也会被业主的"紧箍咒"所圈住。这就是为什么同一设计公司在不同的机场却做出了完全不同水平的作品之原因。我们深谙此理，30 年中我们一直在努力学习，并积累了丰富的经验和教训。我希望通过本书把浦东国际机场在规划建设领域的经验教训，以历史故事的形式献给大家。其实，浦东国际机场就是一部用混凝土、钢筋、玻璃等建筑材料写就的史书，甚至是中国民航机场过去 30 年高速发展史的缩微版史书。我希望浦东国际机场这部史书能够被更多的人研究、批判。这是我出版本书的目的之三。

过去这 20 多年，我们与国家的改革开放同行、与浦东新区一起"摸着石头过河"，坎坎坷坷、跌跌撞撞、遍体鳞伤，留下了许许多多精彩的、平凡的，抑或是不堪回首的故事。浦东国际机场不是一个规划上的杰作，虹桥机场（枢纽）更代表我们的水平，但浦东国际机场更能代表我国机场改革开放的那一段历史，更能代表上海机场集团的过去、也更能代表我们这一代人的 30 年人生。我已于 2018 年初离开了上海机场集团，离开之际回溯往事，就有了记下这些故事的冲动。道别之时，呈上本书，以表心意，这是我出版本书的目的之四。

最后，我要感谢在成书过程中，上海机场集团的各位同事、上海科学技术出版社的各位朋友、同济大学工程管理研究所的各位教授给予的巨大帮助。感谢美国 SPS 交通咨询有限公司、上海觐翔交通工程咨询有限公司、中国城市规划设计研究院上海分院、中国民航机场建设集团有限公司、上海市政工程设计研究总院、上海华东建筑设计研究院等单位的朋友们和同事们，感谢他们为本书提供了相关资料、图片，以及宝贵的修改意见。还要感谢那些未能提及的许许多多朋友们无私提供的方方面面的支持和帮助！

感谢大家！

感恩这个时代！

2019 年 5 月 28 日于上海世博花园